AF749914

La matemática en sus personajes

Colección dirigida por Antonio Pérez Sanz

Galois
Revolución y matemáticas

3ª edición: 2010

Fotografía de portada: *La libertad guiando al pueblo* de E. Delacroix (detalle)

© del texto: Fernando Corbalán
© NIVOLA libros y ediciones, S.L.
Apartado de Correos 113. 28760 Tres Cantos
Tel.: 902 105 185
www.nivola.com
contacto@nivola.com

ISBN: 978-84-92493-56-2
Depósito legal: M. 8.175-2010

Fotografía: Archivo gráfico INDEX y archivo NIVOLA.

Sin la autorización escrita de los titulares del copyright, queda rigurosamente prohibida la reproducción parcial o total de esta obra por cualquier medio o procedimiento, comprendidos la reprografía, la digitalización y el tratamiento informático.

Galois

Revolución y matemáticas

Fernando Corbalán

5

La matemática en sus personajes

nivola
LIBROS
EDICIONES

Índice

A Marc y Pablo,
para que continúen por
el rumbo de sus sueños

1 Introducción

El título de esta biografía de Évariste Galois es *Revolución y matemáticas* porque en esas dos palabras se resumen su vida y su obra. La única posible variación podría ser el orden en que se colocaran ambos términos, es decir, si se considera prioritaria su dedicación a la revolución, a la lucha por el cambio social, o a las matemáticas. Pero en todo caso no son conceptos antagónicos, porque Galois dio una gran importancia a los dos en su corta vida (que no llegó a 21 años), y además con sus trabajos de matemáticas también consiguió una auténtica revolución en esta ciencia. Tan por delante fue de las ideas de su tiempo que tuvieron que pasar bastantes años desde su muerte para que se entendieran sus aportaciones al álgebra. Y tan radicales fueron las consecuencias de su dedicación que el objeto mismo del álgebra, que hasta entonces era la resolución de ecuaciones, pasó a ser el estudio de las estructuras, dando lugar así a lo que se llamó (y aún sigue haciéndose) *matemáticas modernas*. Es decir, Galois supuso en buena medida el inicio de la modernidad en matemáticas, ya que cambió de forma absoluta el punto de vista de las mismas.

No menos entusiasmo que a las matemáticas dedicó Galois a la lucha por cambiar la sociedad, a la revolución social. Aunque para su desgracia, con menos resultados que en el terreno científico. Y como consecuencia de esas actividades clandestinas y revolucionarias tuvo que padecer penalidades de diverso tipo, ya que estuvo en la cárcel en dos ocasiones (con una estancia total de casi un año, una duración importante dada la fugacidad de su vida). Además, su apoyo a la causa revolucionaria fue el desencadenante de su prematura muerte. Las circunstancias de la misma (no del todo claras) y las distintas versiones al respecto serán tratadas más adelante en este libro.

La corta biografía de Galois, nacido en 1811 y muerto en 1832 con sólo 20 años, llama poderosamente la atención y nos permite imaginar a un joven de su tiempo, con una aureola romántica. Se nos presenta como un juvenil Quijote luchando en un combate imposible, perdido de antemano, contra los molinos de la ciencia oficial, representada por la todopoderosa Academia de Ciencias de París (formada por una importante constelación de grandes matemáticos, pero pagados de sí mismos, que no le entienden y que tampoco hacen ningún esfuerzo por tratar de hacerlo), contra la que arremete con todas las armas a su alcance. Y es de destacar una utilización muy moderna de los medios de comunicación (de un periódico en este caso) como medio de presión para intentar que los académicos le tengan en cuenta, algo que logra sólo en parte. Por otro lado, participa con desprecio absoluto de su integridad física en los combates clandestinos contra el poderoso Estado y contra sus medios de represión, en particular contra su omnipresente policía política.

Pero si de esos desiguales combates se desprende su muerte física, su desaparición de este mundo, sus ideas, sin embargo, no pudieron ser silenciadas. En cualquier caso, el progreso social por el que luchó Galois es innegable que se ha conseguido en buena parte, y sus trabajos matemáticos, tras unos cuantos años durmiendo en desvanes académicos, a la postre continúan plenos de vida y de vigencia en las matemáticas de hoy, una parte de las cuales se conoce como *Teoría de Galois*.

Para poder entender un poco mejor su vida no nos limitaremos a dar noticia de sus hechos destacados sino que nos referiremos más ampliamente al ambiente político y social de la época en su Francia natal, así como a los creadores en las diferentes ramas de la actividad humana (científicos e inventores, pero también artistas y pensadores) de todo el mundo. Y haremos también una incursión especial en la situación de la España de la época, una de las más negras de su historia contemporánea, con escasos momentos de claridad.

De este modo nos estaremos refiriendo en todo momento a una persona que cambió el mundo de las matemáticas, con una obra que en total supone unas pocas decenas de páginas, pero que también fue alguien de su tiempo. En definitiva, conoceremos a un joven tocado por una especie de rapto matemático y que dedicó a esta disciplina una atención desbordante y apasionada. Aunque, por supuesto, también tuvo intereses parecidos a los jóvenes de todas las épocas.

Esperamos que después de la lectura de este libro, que en definitiva es una biografía novelada (al menos en parte) con argumentos que tocan en bastantes momentos las matemáticas, entiendas un poco mejor la vida en las primeras décadas del siglo XIX; que hayas profundizado un poco en la historia del álgebra, en la que, como en los distintos aspectos del saber humano, los avances se logran por el esfuerzo conjunto de hombres y mujeres de todas las épocas y lugares; que hayas comprobado que todos somos tributarios de los esfuerzos de las generaciones que nos preceden; y, por fin, que te hayas emocionado con un joven apasionado por las matemáticas, en las que encuentra resultados importantes, y a la vez desesperado ante la resistencia de los mayores y de los sabios oficiales.

También nosotros somos tributarios de trabajos anteriores sobre Galois. Si quieres profundizar en algunos aspectos particulares puedes recurrir a la bibliografía. Y aunque lo más importante que tienes que hacer sea leerlo, de cuando en cuando también te pediremos un esfuerzo extra para resolver alguna cuestión que te propondremos al hilo del relato.

Qué hay en este libro

La parte fundamental del libro está constituida por la vida de Galois, pero antes de entrar en ella dedicamos un capítulo a analizar la situación francesa (y española) de la época. También hay un capítulo titulado *Resolución de ecuaciones y Teoría de Galois*, en el que se da una somera idea de la Teoría de Galois y de las técnicas utilizadas en su resolución. Acaba el libro con un *Epílogo para jóvenes (de espíritu por lo menos...)* en el que hay algunas reflexiones generales al hilo de los temas que hemos tratado, y se completa con una Bibliografía que recoge los trabajos utilizados en la preparación de este volumen.

Este trabajo se puede leer de formas muy diferentes. Nosotros proponemos un orden, pero se pueden tomar otras opciones a partir de la información anterior. Es importante señalar que los conocimientos matemáticos necesarios para seguir la narración son mínimos.

Sólo nos queda desearte que disfrutes con la lectura y esperar que hayamos sido capaces de transmitirte al menos una parte de la pasión que en nosotros ha provocado la vida y la obra de Galois.

2 Los años que cambiaron el mundo

Todo empieza con la Revolución Francesa. El 14 de julio de 1789 el pueblo de París se lanza jubiloso a las calles mientras una noticia se extiende: "¡La Bastilla ha sido tomada!". La siniestra fortaleza, símbolo de la represión del rey y la nobleza, donde purgaban sus penas arbitrarias quienes osaban rebelarse, ha caído en manos de los ciudadanos de París, que, hartos de penurias y privaciones, la han asaltado con fusiles. Una fecha que será jornada de afirmación popular contra la reacción a lo largo del siglo siguiente y que se constituirá en la Fiesta Nacional francesa; una fortaleza que será derruida como muestra de que se puede acabar con el poder feudal, y en cuyo solar se construirá la Plaza de la Bastilla, lugar de concentraciones populares y símbolo del poder del pueblo.

A finales de agosto se aprueba la Declaración de los Derechos del Hombre y del Ciudadano, que establece la igualdad y la libertad de todos los hombres, la separación de los poderes y la soberanía popular. Es la certificación de que unos nuevos tiempos empiezan a ver la luz.

Asalto de la Bastilla el 14 de julio de 1789.

En octubre comienza a funcionar la nueva Asamblea Nacional, donde surgen las primeras disputas políticas en el sentido moderno: los diputados defienden posiciones diferentes respecto a los temas candentes, dando lugar a dos grandes tendencias, los girondinos y los jacobinos. Además de ellos están los exiliados, partidarios de la vuelta a la monarquía absoluta. Éstos conspiran contra el nuevo poder, ayudados por las potencias extranjeras, y a veces cuentan con el apoyo de los campesinos, lo que da lugar a sublevaciones armadas que son sofocadas con rapidez.

Pero, salvo esos casos aislados, las clases populares se sienten unidas a la Revolución, en la que ven la defensa de sus intereses y una oposición a la nobleza que, ayudada por ejércitos extranjeros, amenazaba a Francia. Por eso el pueblo parisino asalta la residencia del rey y constituye la Comuna, gobierno revolucionario dirigido por los jacobinos, que presiona a la Asamblea para que sea severa con los enemigos de la Revolución, lo que pone en marcha la guillotina. A la vez, destituye al rey y convoca nuevas elecciones. La Convención elegida inicia el juicio contra el antiguo monarca, que será declarado culpable y cuya cabeza cortará la guillotina en 1793.

RÉPUBLIQUE FRANÇAISE

LIBERTÉ, ÉGALITÉ FRATERNITÉ

DÉCLARATION DES DROITS DE L'HOMME ET DU CITOYEN

Formulée, en 1792, par

ROBESPIERRE

Il est essentiellement urgent que chaque Citoyen connaisse, pour pouvoir les affirmer et les faire respecter, les Droits qu'il acquiert par la naissance. L'Ignorance étant la base du despotisme, l'homme sera vraiment libre le jour où il pourra dire aux tyrans : « Retirez-vous ! je suis assez grand pour pouvoir me gouverner moi-même ! »

DÉCLARATION DES DROITS DE L'HOMME

ARTICLE PREMIER. Le but de toute association politique est le maintien des droits naturels et imprescriptibles de l'homme, et le développement de toutes ses facultés.

ART. 2. Les principaux droits de l'homme sont ceux de pourvoir à la conservation de l'existence et de la liberté.

ART. 3. Ces droits appartiennent également à tous les hommes, quelle que soit la différence de leurs forces physiques et morales. L'égalité des droits est établie par la nature; la société, loin d'y porter atteinte, ne fait que la garantir contre l'abus de la force, qui la rend illusoire.

ART. 4. La liberté est le pouvoir qui appartient à l'homme d'exercer à son gré toutes ses facultés; elle a la justice pour règle, les droits d'autrui pour bornes, la nature pour principe et la loi pour sauvegarde.

ART. 5. Le droit de s'assembler paisiblement, le droit de manifester ses opinions, soit par la voie de la presse, soit de toute autre manière, sont des conséquences si nécessaires du principe et de la liberté de l'homme, que la nécessité de les énoncer suppose ou la présence ou le souvenir récent du despotisme.

ART. 6. La propriété est le droit qu'a chaque citoyen de jouir et de disposer à son gré de *la portion de bien qui lui est garantie par la loi.*

ART. 7. Le droit de propriété est borné, comme tous les autres, par l'obligation de respecter les droits d'autrui.

ART. 8. Il ne peut préjudicier ni à la sûreté, ni à la liberté, ni à l'existence, ni à la propriété de nos semblables.

ART. 9. Tout trafic qui viole ce principe est essentiellement illicite et immoral.

ART. 10. La société est obligée de pourvoir à la subsistance de tous ses membres, soit en leur procurant du travail, soit en assurant les moyens d'exister à ceux qui sont hors d'état de travailler.

ART. 11. Les secours indispensables à celui qui manque du nécessaire sont une dette de celui qui possède le superflu. Il appartient à la loi de déterminer la manière dont cette dette doit être acquittée.

ART. 12. Les citoyens, dont les revenus n'excèdent point ce qui est nécessaire à leur subsistance, seront dispensés de contribuer aux dépenses publiques; les autres doivent les supporter progressivement, selon l'étendue de leur fortune.

ART. 13. La société doit favoriser de tout son pouvoir les progrès de la raison publique, et mettre l'instruction à la portée de tous les citoyens.

ART. 14. *Le peuple est le souverain*; le gouvernement est son ouvrage et sa propriété; les fonctionnaires publics sont ses commis.

Le peuple peut, quand il lui plaît, changer son gouvernement et révoquer ses mandataires.

ART. 15. La loi est l'expression libre et solennelle de la volonté du peuple.

ART. 16. La loi doit être égale pour tous.

ART. 17. La loi ne peut défendre que ce qui est nuisible à la société, et ne peut ordonner que ce qui est utile.

ART. 18. Toute loi qui viole les droits imprescriptibles de l'homme est essentiellement injuste et tyrannique; elle n'est point une loi.

ART. 19. Dans tout État libre, la loi doit surtout défendre la liberté publique et individuelle contre l'autorité de ceux qui gouvernent.

Toute institution qui ne suppose pas le peuple bon et le magistrat *corruptible* est vicieuse.

ART. 20. Aucune portion du peuple ne peut exercer la puissance du peuple entier; mais le vœu qu'elle exprime, doit être respecté comme le vœu d'une portion du peuple qui doit concourir à la volonté générale. Chaque section du souverain assemblé doit jouir du droit d'exprimer sa volonté avec une entière liberté; elle est essentiellement indépendante de toutes les autorités constituées, et maîtresse de sa police et de ses délibérations.

ART. 21. Tous les citoyens sont admissibles à toutes fonctions publiques, sans autre distinction que celle des vertus et des talents, sans aucun autre titre que la confiance du peuple.

ART. 22. Tous les citoyens ont un droit égal à concourir à la nomination des mandataires du peuple et à la formation de la loi.

ART. 23. Pour que ces droits ne soient point illusoires et l'égalité chimérique, la société doit salarier les fonctionnaires publics, et faire en sorte que les citoyens qui vivent de leur travail puissent assister aux assemblées publiques où la loi les appelle, sans compromettre leur existence ni celle de leur famille.

ART. 24. Tout citoyen doit obéir religieusement aux magistrats et aux agents du gouvernement lorsqu'ils sont les organes ou les exécuteurs de la loi.

ART. 25. Mais tout acte contre la liberté, contre la sûreté ou contre la propriété d'un homme, exercé par qui que ce soit, même au nom de la loi, hors des cas déterminés par elle et des formes qu'elle prescrit, est arbitraire et nul; le respect même de la loi défend de s'y soumettre, et si l'on veut l'exécuter par la violence il est permis de le repousser par la force.

ART. 26. Le droit de présenter des pétitions aux dépositaires de l'autorité publique appartient à tout individu; ceux à qui elles sont adressées doivent statuer sur les points qui en font l'objet; mais ils ne peuvent jamais ni en interdire, ni en restreindre, ni en condamner l'exercice.

ART. 27. La résistance à l'oppression est la conséquence des droits de l'homme et du citoyen.

ART. 28. Il y a oppression contre le corps social, lorsqu'un seul de ses membres est opprimé.

ART. 29. Lorsque le gouvernement viole le droit du peuple, l'insurrection est le plus sacré des droits et le plus indispensable des devoirs.

ART. 30. Quand la garantie sociale manque à un citoyen, il rentre dans le droit naturel de défendre lui-même tous ses droits.

ART. 31. Dans l'un et l'autre cas, assujettir à des formes légales la résistance à l'oppression est le dernier raffinement de la tyrannie.

ART. 32. Les fonctions publiques ne peuvent être considérées comme des distinctions ni comme des récompenses, mais comme des devoirs publics.

ART. 33. Les délits des mandataires du peuple doivent être sévèrement et facilement punis. Nul n'a le droit de se prétendre plus inviolable que les autres citoyens.

ART. 34. Le peuple a le droit de connaître toutes les opérations de ses mandataires; ils doivent lui rendre un compte fidèle de leur gestion, et subir son jugement avec respect.

ART. 35. Les hommes de tous les pays sont frères, et les différents peuples doivent s'entr'aider selon leur pouvoir, comme les citoyens du même État.

ART. 36. Celui qui opprime une seule nation se déclare l'ennemi de toutes.

ART. 37. Ceux qui font la guerre à un peuple pour arrêter les progrès de la liberté et anéantir les droits de l'homme doivent être poursuivis partout, non comme des ennemis ordinaires, mais comme des assassins et des brigands rebelles.

ART. 38. Les aristocrates, les tyrans, quels qu'ils soient, sont des esclaves révoltés contre le souverain de la terre, qui est le genre humain, et contre le législateur de l'univers, qui est la nature.

MAXIMILIEN ROBESPIERRE.

Vive la République Démocratique et Sociale!

L. G.

La Declaración de los Derechos del Hombre y del Ciudadano.

Se hacen con el poder los jacobinos, con Robespierre a la cabeza, e intentan que los cambios no se detengan en el aspecto político, sino que lleguen a todas las esferas humanas y sociales. Se abolen todos los derechos feudales y en muchos casos se reparten las tierras de los nobles y de la Iglesia; se racionaliza la religión; se plantea la educación como un derecho de todos; se moviliza al pueblo para formar un ejército que defienda la Revolución, con sus jefes elegidos por sus miembros; se decide poner a punto un nuevo sistema de medidas y se cambia el cómputo del tiempo y hasta el nombre de los meses. También se reprime duramente a los enemigos, supuestos o ficticios, por diferencias políticas. La guillotina (invento 'humanitario' de la revolución para hacer sufrir menos a los condenados) funciona sin descanso y da lugar al período llamado del Terror. Lo que se consigue, mediante el ejército de la alianza de los burgueses y del pueblo llano (los llamados *sans-culottes*, es decir, sin calzones, pobres), es organizar un Estado centralista y democrático, y, en el plano militar, algo más que resistir los ataques de todos los gobiernos reaccionarios europeos.

El 9 de Termidor de 1794, Robespierre y sus partidarios fueron detenidos y, a su vez, guillotinados. Es la llamada reacción termidoriana, en la que se ponen en marcha instituciones más moderadas que dan lugar al período del Directorio, que durará diez años. Durante ellos hubo continuos disturbios e inestabilidades sociales, como consecuencia de la escasez de bienes de primera necesidad, resultado en parte del cerco y la enemistad del resto de los países europeos. Pero en el exterior hubo diversas campañas del ejército francés (sobre todo en Italia y en Egipto) dirigidas por un joven militar, Napoleón Bonaparte, que contribuyeron a asentar a Francia en el terreno internacional, y que a su vez le dieron prestigio en el interior. A finales de 1799, se produjo el golpe de Estado del 18 Brumario y se nombró a tres cónsules para que se hicieran cargo de la gobernación del país. Uno de ellos fue Bonaparte, que comenzó siendo el

El sistema métrico

En una de las primeras sesiones de la Asamblea Francesa, el 8 de mayo de 1790, se trató el tema de la creación de un nuevo sistema de Pesos y Medidas que acabase con el descontrol existente (muchas medidas no tenían relación lógica entre ellas, abundaban las unidades de medida locales que dificultaban las relaciones económicas) y que, con el espíritu de Fraternidad que animaba a los diputados, sirviera para todos los países del mundo. Se decidió consultar a la Academia de Ciencias su opinión, y ésta nombró una comisión formada por científicos famosos como Borda, Laplace, Lagrange, Monge y Condorcet, que emitió un veredicto. En él se inclinaba por el sistema decimal para los múltiplos y divisores y como unidad de medida de longitud se decidió por la diezmillonésima parte del cuadrante del meridiano terrestre. Sin embargo, medir con precisión la longitud de ese meridiano entrañaba bastantes dificultades. La primera era la elección del meridiano que se quería medir, que recayó, por complejas razones, unas científicas y otras no tanto, en el que pasa por Dunkerque, en el Canal de la Mancha, y Barcelona. Los trabajos de medición, realizados por medio de triangulaciones, tuvieron que afrontar diversas vicisitudes derivadas de la borrascosa situación política y militar de aquellos años, y se realizaron en parte en España. Culminaron con la proclamación del metro como unidad de medida, por la Ley del 19 de Frimario del año VIII (10 de diciembre de 1799), firmada por Napoleón. Aunque la aceptación del nuevo Sistema Métrico Decimal no fue rápida en ningún país, puesto que tiene que oponerse a las costumbres establecidas, poco a poco se adoptó en todo el mundo y hoy constituye el método de medida universal, con la excepción de algunas medidas sajonas que perviven en determinados ámbitos (barriles de petróleo, pulgadas, etc.). En el caso de España se implanta por Real Orden de 15 de abril de 1848. Se declara obligatorio en la enseñanza a partir de 1852, en las dependencias del Estado en 1853 y para todos los españoles en 1860. En la actualidad se está plantando un corredor verde de árboles a lo largo del meridiano entre Dunkerque y Barcelona para conmemorar el bicentenario de estos trabajos.

hombre fuerte del trío y poco a poco se hizo con todos los resortes del poder, hasta llegar a coronarse emperador, en 1804, a los 35 años.

Acaba así el primer período de la Revolución Francesa, en la se abren las compuertas de una sociedad reprimida hasta entonces por la nobleza y la Iglesia, con el rey a la cabeza. Ahora las personas con capacidad, aunque su origen sea humilde, pueden acceder a puestos destacados, y en varios casos a muy temprana edad (Napoleón es general a los 30 años; Robespierre es guillotinado a los 35; Saint-Just, colaborador de Robespierre, a los 27). Nada volverá a ser igual. Los conocidos postulados ideológicos de la Revolución, Libertad, Igualdad y Fraternidad, marcarán el signo de los siglos

Los tres cónsules:
Napoleón Bonaparte, Cambacérès y Lebrun.

posteriores. En palabras de Octavio Paz, el siglo XIX fue el de la libertad, el siglo XX el de la búsqueda ansiosa de la igualdad y el siglo XXI debería ser el de la fraternidad, el de la solidaridad.

Napoleón

Napoleón Bonaparte nace en 1769 en Córcega, el mismo año en que la isla era anexionada a Francia (anteriormente pertenecía a Génova). Los éxitos militares le llevan a los 26 años a ser comandante en jefe del ejército francés. En los años 1796-97 realiza una campaña militar en el norte de Italia, donde consigue importantes victorias militares que hacen solicitar la paz al Papa y a otros soberanos italianos. Más tarde, ante su avance hacia Viena, el Emperador de Austria, uno de los grandes enemigos de la Revolución, pide la paz con Francia.

Queda como único gran enemigo Inglaterra, y Napoleón es nombrado jefe del ejército costero destinado a luchar contra ella. Pero ante la imposibilidad de desembarcar en las costas inglesas debido a la superioridad naval inglesa, idea una forma indirecta de debilitarla: realizar en 1798 una expedición a Egipto, punto fundamental en la ruta hacia la India, base del Imperio británico. Allí consigue distintas victorias terrestres, sin embargo la flota inglesa derrota a la francesa y les deja bloqueados en tierra y sin posibilidad de recibir refuerzos (desde el punto de vista cultural la expedición fue un éxito, puesto que a Napoleón le acompañaron varios científicos que realizaron una completa descripción de todos los monumentos egipcios, así como de la fauna y flora de la región).

Firma de Napoleón.

De regreso a Francia, es nombrado Primer Cónsul. Pacifica el interior del país, sometiendo a los partidarios del rey, deportando a los líderes extremistas y firmando un concordato con el Papa. En el exterior se enfrenta a la coalición de los grandes imperios europeos: Rusia, Inglaterra, Austria y Nápoles. Consigue la victoria militar ante unos y neutraliza a otros, logrando firmar la paz con Austria en 1801, lo que le permite ampliar su territorio (anexionando la actual Bélgica y partes de Alemania) y crearse aliados en Suiza, Italia y Alemania. Sólo queda Inglaterra como enemiga.

Napoleón comienza la articulación de un Estado que es el modelo que copiarán a lo largo de los decenios siguientes casi todos los países europeos: reorganización centralista del Estado, con una administración de justicia que depende de él, superando la justicia de los señores feudales; la organización financiera, con recaudadores estatales de los impuestos; y, sobre todo, la promulgación de un Código Civil en 1804 (llamado el Código Napoleón), que regula los derechos de los ciudadanos y marca el triunfo ideológico de la burguesía. En la enseñanza se crean las bases de los sistemas educativos modernos (que copiarán también los demás países y del que quedan partes fundamentales): la enseñanza primaria, para la promoción de las

La emperatriz Josefina.
Cuadro de Prud`hon (detalle).

clases más pobres; la secundaria, destinada a la formación de la burocracia del Estado (impartida en los liceos y uno de cuyos rasgos es una mayor preocupación por las matemáticas); una enseñanza superior en la que además de acabar con las antiguas universidades de la Iglesia, se crean otras nuevas; y, sobre todo, la Escuela Politécnica, para la formación de ingenieros, la Escuela Normal, para preparar profesores de secundaria, y el Instituto de Francia, reunión de todas las Academias, organismos todos ellos del mayor nivel científico de la época.

Napoleón es nombrado Cónsul vitalicio en 1802 (con derecho a nombrar un heredero),y en 1804, tomando como excusa la existencia de un complot monárquico, se proclama emperador. Para ello hace venir al Papa a París para hacerse coronar como los antiguos emperadores germánicos.

Comienza después una gran expansión del Imperio por todo el continente, amparado en su superioridad militar, capaz de derrotar a cualquier alianza de las monarquías europeas. Más tarde se produce la invasión de España y Portugal, que ocupa con facilidad, pero donde pronto se tiene que enfrentar a una resistencia popular en forma de guerrillas

La coronación de Napoleón como emperador en presencia del Papa. Cuadro de David (detalle).

(término que pasará a todas las lenguas), y que pasados unos años acabará por forzarle a la retirada, lo que será un acicate para la resistencia en otros países europeos.

Amparadas en estas conquistas van expandiéndose por toda Europa una serie de ideas y costumbres comunes, que pasarán en las décadas siguientes a la legislación y las instituciones en diferentes ámbitos (político, jurídico, educativo...), y, en terrenos más cercanos, a las matemáticas. En esta ciencia se extinguen los ábacos para realizar operaciones, derrotados por los algoritmos decimales (Rusia, donde Napoleón fue derrotado, es el único país europeo en que se continúan utilizando de forma habitual los ábacos). El Imperio de Napoleón llega a su apogeo en 1811. Llega a abarcar, además de Francia, los territorios actuales de España, Italia, Bélgica, Holanda, Suiza, Dinamarca, buena parte de Alemania y hasta el ducado de Varsovia. En ese momento firma una paz con Austria, que incluye su matrimonio con la hija del emperador, previo divorcio de la emperatriz Josefina, que no le había dado un heredero.

El rey José Bonaparte (detalle).
Óleo de J. Flaugier.

España

Cuando Galois nace, en 1811, España es uno de tantos territorios europeos que dependen de Napoleón. En 1807 las tropas francesas entran en España y fuerzan al rey a ir a Francia, produciéndose la sublevación del 2 de mayo. Los franceses colocan como rey a José Bonaparte, hermano de Napoleón. Comienza la resistencia de los españoles contra los ocupantes, en la llamada Guerra de la Independencia, en la que se dan las contradicciones que marcarán todos esos años: la parte más avanzada de la sociedad española está de acuerdo con los principios políticos del Estado francés, pero a su vez también tiene que defender la libertad de su tierra, ocupada por un ejército que dice defender esos principios. Una buena muestra de esa paradoja es la Constitución aprobada en 1812 por las Cortes de Cádiz, que sigue los principios de la Revolución Francesa, pero que se vota durante el asedio francés de la ciudad. José Bonaparte, derrotado, abandonará España en 1814, acompañado de unas 12.000 familias españolas que habían formado parte de su administración, los llamados *afrancesados*, en los que la contradicción aludida antes se dio en términos fatídicos.

Goya

*Francisco de Goya (1746-1828) tuvo que exiliarse a Francia en 1824, una vez acabado el trienio liberal, y murió en Burdeos. En 1814 pintó sus famosos cuadros sobre la sublevación popular de Madrid contra las tropas francesas, del 2 de mayo de 1808, y su represión posterior por las tropas de Napoleón (*Los fusilamientos del 3 de mayo*). En sus años finales, coincidentes con la vida de Galois, abordó sobre todo asuntos muy modernos para su época, como pueden ser las series* Los desastres de la guerra *(1810) o* Los Disparates *(1820-23).*

El rey Fernando VII (detalle) pintado por Goya.

Vuelve al poder Fernando VII, mitificado por un pueblo que había hecho de él su bandera de resistencia: es llamado *el Deseado*. Pero su actuación fue absolutamente retrógrada y abolió toda la legislación progresista de la Constitución de Cádiz e hizo todo lo posible por volver a una monarquía absolutista (restableciendo la Inquisición y los señoríos, por ejemplo). Puso en marcha una represión implacable, con numerosas ejecuciones y con cárcel o exilio para todo sospechoso de tener ideas liberales (unas 15.000 personas de un total de 11 millones tuvieron que abandonar España). En ese tiempo se producen los llamados *pronunciamientos*, sublevaciones en las que participan unidades militares conectadas con civiles organizados en sociedades secretas de carácter liberal. La razón hay que buscarla en que la composición de los oficiales del ejército ha variado a lo largo de la guerra; no todos ellos son ahora aristócratas (como pasaba antes de 1808), sino que hay también jefes guerrilleros o líderes ciudadanos que han desempeñado un papel relevante contra el invasor y que continúan en el ejército; y bastantes de estos nuevos oficiales tienen ideología liberal. Muchos de estos pronunciamientos fracasaron y dieron pie a una represión más aguda todavía. Pero a comienzos de 1820, un ejército destinado a América para luchar contra los independentistas de las colonias, se subleva antes de embarcar. Encabezado por Riego, proclama de nuevo la Constitución de 1812 y logra poco a poco la adhesión de núcleos militares (entre ellos los enviados a reprimirlos) y civiles. Fernando VII es forzado a aceptar la Constitución, algo que hace sin el menor pudor tras haberla aborrecido los años anteriores.

Durante el Trienio Constitucional de 1820-23 se intentan reformas burguesas y se aplican leyes liberales, en medio de fuertes disputas entre los liberales moderados y los más avanzados, todo ello con el boicot larvado del rey, que alienta incluso levantamientos absolutistas. Como telón de fondo se levantan dificultades económicas, la lucha de las colonias por su independencia y sobre todo la

Riego

Rafael del Riego (1785-1823) fue un militar y político español que luchó contra los franceses. En 1820 se convirtió en el protagonista de la lucha contra Fernando VII al sublevarse en Cabezas de San Juan. Tras estos hechos, el rey aceptó la vuelta al constitucionalismo y dio paso a lo que se ha llamado el Trienio Liberal (1820-23). Traicionado, cayó preso luchando contra el ejército invasor de los Cien mil hijos de San Luis. Fue ahorcado en la plaza de la Cebada de Madrid y se convirtió en símbolo del liberalismo español.

El general Rafael del Riego.

política de las potencias europeas agrupadas en la *Santa Alianza,* dispuestas a acabar por la fuerza con cualquier muestra de liberalismo. Por eso un ejército de 100.000 franceses invade España, acaba con los liberales, y repone el absolutismo de Fernando VII. Otra feroz represión de éste, incumpliendo sus promesas de amnistía, lleva al exilio a todos los liberales destacados que pueden huir, mientras que muchos otros son ejecutados, como Riego, líder del trienio liberal, o *El Empecinado*, antiguo jefe guerrillero.

Comienza la *Década Ominosa*, que se extenderá hasta la muerte del rey (llamado felón, traidor, por los liberales) en 1833, en que se intenta una vuelta atrás, amparada en la represión más brutal y con una situación económica caótica. Continúan los pronunciamientos liberales, que fracasan y son reprimidos con saña y pasan a formar parte de la opinión popular como símbolos de la libertad. Es el caso de Mariana Pineda en Granada, ejecutada en 1831 por bordar la bandera republicana. El nefasto reinado de Fernando VII acaba con el país al borde de la guerra civil entre los partidarios de su hija (a la que ha hecho su heredera aboliendo la ley que prohibía reinar a las mujeres) y los de su hermano Carlos (*los carlistas*), que ensangrentarán el país en las décadas siguientes.

La sociedad de principios del siglo XIX en Europa

Era la europea una sociedad con un analfabetismo generalizado, con pequeñísimas capas de la población que sabían leer y que tenían acceso a la cultura. Las mujeres, incluso en las clases altas, estaban reducidas a la esfera doméstica, sin posibilidades de estudiar ni de cultivarse, y sin capacidad de decisión; dependían primero del padre y luego del marido (cuando se casaban, que era el único proyecto de vida que parecía adecuado). En general, las relaciones familiares eran muy rígidas y distantes. La Revolución introdujo el divorcio y, poco después, el Código Civil de Napoleón llevó a cabo un auténtico cambio social al legislar sobre la herencia y decidir que ésta debía repartirse por igual entre todos los hijos, aboliendo la situación anterior del mayorazgo, en que el primogénito era el que heredaba la mayor parte. La influencia de la Iglesia católica era muy importante en todos los aspectos de la vida, y sus dogmas intocables e indiscutibles.

Era un mundo con unas enormes diferencias sociales. Mientras a los nobles (y a los ricos en general) les servía un auténtico ejército de personas, la inmensa mayoría de los habitantes no tenía nada: iba mal vestida, pasaba hambre, carecía de las condiciones de higiene mínimas, vivía en habitáculos inmundos y estaba expuesta a todo tipo de arbitrariedades por parte de los poderosos. Se vivía, en definitiva, una situación parecida a la que se sufre en la actualidad en buena parte de los países del llamado Tercer Mundo. En particular

Espronceda

Espronceda

El poeta español José de Espronceda (1808-42) coincidió durante buena parte de su corta vida con Galois (y hasta se dice que combatió junto con el pueblo de París en las barricadas de la Revolución de 1830, en la que Galois no pudo participar por la prohibición del Director de la Escuela Normal). Como él estuvo preso durante un tiempo por pertenecer a una sociedad secreta que se creó para vengar la muerte de Riego. Es uno de los más destacados poetas románticos españoles y entre sus obras destacan El estudiante de Salamanca *y el célebre poema* La canción del pirata, *auténtico canto a la libertad:*

"Que es mi barco mi tesoro
que es mi Dios la libertad
mi ley la fuerza y el viento
mi única patria la mar..."

Larra

Larra

Mariano José de Larra (1809-37) es uno de los precursores del periodismo moderno. Nació en Madrid, pero vivió sus primeros años en Francia, adonde tuvo que exiliarse su padre tras la Guerra de la Independencia por haber colaborado con los franceses. Fueron famosos sus artículos satíricos sobre el atraso de la sociedad española, firmados con el seudónimo de Fígaro, como Vuelva usted mañana, *sobre la eterna pereza española. Tras distintas y amargas experiencias amorosas y un matrimonio infeliz, y como consecuencia de un fracasado romance adúltero, se suicidó a los 28 años.*

la escasez de los alimentos básicos, que daba lugar a la carestía de los mismos, era causa frecuente de revueltas populares.

El sector económico más importante de la época era el agrario (en Francia, el 85% de la población; algo menos en Inglaterra, el país más avanzado), aunque se estaba gestando la revolución industrial que, a la postre, cambiaría la economía y las relaciones sociales y políticas. Inglaterra fue el primer país en legalizar un sindicato de obreros industriales, las *Trade-Unions* (1824). Un mundo, en fin, que comenzaba a abolir la esclavitud, al menos en declaraciones y leyes.

Lord Byron y los Shelley

Lord Byron (1788-1824) fue un gran poeta romántico inglés y un luchador por la independencia griega del Imperio Turco. En el país helénico contrajo la enfermedad que le produjo la muerte. Estuvo en el exilio en Italia y Suiza, acompañado de Percy y Mary Shelley. Su obra más conocida es Don Juan, *sobre el tema español. Es el padre de Ada Lovelace Byron (nacida de 1816), una de las precursoras de la informática, pero no tuvo relación con ella, ya que fue abandonado por su mujer poco después del nacimiento de la niña.*

Percy Shelley (1792-1822), otro de los grandes poetas románticos ingleses, tuvo una vida agitada. Fue expulsado del colegio de Eton y más tarde también tuvo problemas en Oxford como consecuencia de la publicación de su libro Necesidad del ateísmo. *Fue durante toda su vida librepensador y filosocialista. Durante un viaje por Europa con su segunda mujer, Mary, hicieron amistad con Byron. Murió antes de cumplir los treinta años, durante una travesía marítima en Italia, como consecuencia de una tormenta.*

Mary Shelley (1797-1851), nacida Mary Wollstonecraft, fue la segunda mujer de Shelley. A los veinte años publicó una de las novelas más famosas de esa época, Frankenstein o el moderno Prometeo, *que ha tenido innumerables versiones e interpretaciones en el teatro, el cine y la literatura.*

3 Galois: los primeros años

Évariste Galois nació el 25 de octubre de 1811 en Bourg-la-Reine, un pueblo de los alrededores de París, a unos cuatro kilómetros de una de las antiguas entradas a la ciudad, la Puerta de Orleáns. La gloria de Napoleón y de su Imperio estaban en su apogeo. Ya quedaba lejos en el tiempo la gran Revolución de 1789, que puso en cuestión tantas cosas, entre otras los nombres de la localidades, durante el cual Bourg-la-Reine *(el pueblo de la reina)* cambió su nombre a Bourg-Égalité *(el pueblo de la igualdad)*.

Los padres de Évariste eran Nicolas-Gabriel Galois y Adélaïde-Marie Demante. La familia del padre poseía, desde mediados del siglo XVIII, un colegio de enseñanza para jóvenes, que conocía en esos años una especial prosperidad debido a que en la Revolución se había destruido la estructura educativa tradicional en manos de la Iglesia, sin haber sido creados con rapidez otros centros laicos que cubrieran la necesidades. Ese período pujante del Instituto Galois continuó en la época de Napoleón. Tanto su padre Nicolas-Gabriel, como el hermano de este, Théodore-Michel, eran decididos partidarios del mismo, lo que llevó al tío a la carrera militar, en la que llegó a ser oficial de la Guardia Imperial. El padre, amable y cortés, estaba especialmente dotado para las letras (escribía versos y comedias), y se dedicó a la dirección del colegio familiar.

La madre, hija de un amigo y vecino de su futuro marido, Thomas-François Demante, profesor de Derecho de la Sorbona y presidente del Tribunal de Louviers, era una mujer inteligente, vivaz, generosa y de fuerte carácter. Tenía una sólida educación, sobre todo en la cultura clásica (griega y latina), adquirida gracias a su padre. De esa cultura extrajo su modelo ideal de vida y su escepticismo por las formas institucionalizadas de la religión. No parece probable que tuviera conocimientos especiales de matemáticas, más allá de algunas nociones elementales, puesto que entonces no se consideraban de gran importancia.

Los padres de Évariste se casaron en 1808, cuando su padre tenía 33 años y su madre sólo 20. Esta diferencia de edad puede parecer extraña si se

Retrato de Évariste Galois hecho por su hermano Alfred.

El ocaso de Napoleón. Los Cien Días

En 1812 Napoleón organiza un enorme ejército para invadir Rusia y acabar con su único enemigo terrestre. Al principio los éxitos militares se encadenan y llega hasta Moscú, pero la llegada del invierno y la estrategia de tierra quemada de los rusos le fuerzan a una retirada en la que perecerá gran parte del ejército: de los 700.000 hombres que llegan a Rusia menos de 100.000 regresan a Polonia. Es el inicio del fin de su imperio.

Se crea una nueva coalición encabezada por Rusia, Austria (a pesar de la alianza anterior con Napoleón) e Inglaterra, que derrota en diferentes batallas al ejército francés, a la vez que Napoleón se enfrenta a dificultades políticas y económicas en Francia. También es derrotado en España. Más tarde, un ejército conjunto de las potencias europeas invade Francia y ocupa París. Napoleón abdica en abril de 1814 y marcha al exilio a la pequeña isla mediterránea de Elba, frente a las costas italianas.

Se produce el retorno de los exiliados, con el rey Borbón Luis XVIII a la cabeza, profundamente absolutista, y se intenta regresar a la situación anterior a 1789. Pero habían pasado 25 años y la situación era muy distinta: al poco tiempo el descontento social recorre pueblos y ciudades. Los ecos llegan hasta el exilio de Napoleón, que emprende la vuelta dispuesto a retomar el poder. Desembarca en Marsella en marzo de 1815 y con una sorprendente facilidad se hace de nuevo con él. Pero las potencias europeas no quieren dejar que se levante otra vez el fenomenal adversario y reaccionan rápido: ponen en marcha un gran ejército y derrotan en Waterloo a las tropas que con urgencia ha podido encuadrar Napoleón. Sólo ha durado 100 días, y esta vez su caída será definitiva. Los aliados se aseguran de que no pueda volver: lo deportan a la remota isla de Santa Elena, en el Atlántico sur, a miles de kilómetros de cualquier tierra habitada. Napoleón no saldrá jamás de ella y morirá en 1821, a la edad de 52 años.

mira con ojos actuales, pero no era así en la época, y el matrimonio parece que fue feliz. Al año siguiente nació la primera hija de la pareja, Nathalie-Théodore (en homenaje al tío que luchaba en el ejército), y dos años después, en 1811, el primer hijo varón, al que pusieron el nombre de Évariste por ser el santo del día siguiente a su nacimiento, el 26 de octubre, fecha de su inscripción en el registro. Unos años más tarde, en 1814, nació el tercero y último de los hijos, Alfred.

En sus primeros años Évariste y sus hermanos fueron educados personalmente por su madre, sin ir a ningún centro de enseñanza. Y esa sería la única educación de la hija, cuyo porvenir no contemplaba otra posibilidad fuera del matrimonio. Pero para los hijos había que buscar otras salidas. En 1823, con doce años, Galois comenzó sus estudios fuera de casa y dio inicio así una etapa importante de su vida, aunque bastante dura, porque las condiciones de los centros de la época no eran, en absoluto, envidiables.

Un colegio del siglo XIX

El Liceo elegido para los estudios de Évariste Galois fue el Louis-le-Grand (Luis el Grande) de París. Este prestigioso centro (que aún existe) fue creado en 1653 y debía su nombre a Luis XIV. En él estudiaron, entre otros, Robespierre y Victor Hugo. Fue el único colegio de París que permaneció abierto todo el período revolucionario, cuando los centros educativos habían caído en el caos más absoluto, y seguía siendo el centro más reputado de Francia.

Pero ello no indica que tuviera unas instalaciones estupendas; por el contrario, las paredes medio desconchadas y las rejas en las ventanas le daban un aspecto más parecido a una cárcel que a un centro de estudio. Y su aspecto exterior se correspondía con el régimen de vida que llevaban los alumnos.

La vida diaria en el Liceo

La jornada, a toque de campana, comenzaba a las cinco y media de la mañana. Los dormitorios eran de unas cuarenta camas, separadas entre sí por un metro exacto, y no tenían ningún tipo de calefacción, incluso en el crudo invierno parisino. Después de un rápido aseo, había que vestirse en silencio. Todos llevaban el uniforme de la escuela, diseñado personalmente por Napoleón y que no había variado con la vuelta de la Monarquía. Una vez vestidos y después de rezar la oraciones comunitarias, los estudiantes se dirigían a las aulas para estudiar antes de desayunar. Tampoco eran confortables las aulas: carecían de bancos o mesas, y sólo contaban con unas gradas en las que los estudiantes se sentaban, utilizando sus rodillas para apoyar los libros o cuadernos. Eran bastante oscuras (una vela para cada dos estudiantes), aunque un poco menos heladoras que las habitaciones, ya que disponían de grandes estufas de leña. No era raro que en el colegio hubiera visitantes inesperados: las ratas se desplazaban con entera libertad y hasta llegaban a morder a los alumnos. El estudio matutino duraba unas dos horas y tras él se llegaba al desayuno, que se servía en la propia aula y consistía en agua y pan. Los estudiantes debían comer en silencio en menos de un cuarto de hora.

Las clases propiamente dichas empezaban a las ocho, tras la llegada de los alumnos externos. El profesor estaba colocado en una especie de púlpito de madera bastante alto, por lo que podía vigilar con facilidad el comportamiento y atención de los estudiantes. Las clases se prolongaban hasta mediodía. Después comían, de nuevo en silencio; mientras tanto, uno de los profesores leía en voz alta algún texto apropiado para la formación de los alumnos. Y más valía estar atento a la lectura, porque podía ser el objeto de alguna pregunta posterior.

Después de la comida venía el único momento del día en que los colegiales podían hablar entre ellos y pasear por el patio. Pero tampoco era posible armar un gran bullicio ni expandirse demasiado, ya que se consideraba indecoroso (y prohibido) incluso correr cuando se tenían más de... ¡quince años! Como se ve, no eran tiempos de gran amor a la actividad física y al deporte.

A las dos comenzaba el horario lectivo de la tarde, que se prolongaba hasta las seis (con una merienda a las cuatro y media), momento en que los externos regresaban a sus casas. Los internos, como Évariste, tenían todavía que cumplir con otros deberes: se dirigían a la capilla (en silencio, por supuesto) para asistir a los servicios religiosos. En ella los movimientos (arrodillarse, levantarse, sentarse...) estaban completamente reglados y debían hacerse al unísono, con bastante de disciplina militar. Acabada la estancia en la iglesia, a las siete y media se dirigían de nuevo al comedor, donde tomaban la cena. Y sin un posterior periodo de recreo, y siempre en silencio, incluso en las habitaciones, a las ocho y media debían estar en la cama. En fin, como era un régimen bastante difícil de hacer cumplir a los centenares de adolescentes y jóvenes que asistían al Liceo (unos quinientos en esa época), también estaban previstas sanciones rigurosas para quienes contravinieran las normas.

Pero las sombrías instalaciones del Liceo Louis-le-Grand y el severo régimen de vida no deben hacernos pensar que los alumnos estaban sometidos como un rebaño. Al contrario, formaban un colectivo con gran tendencia al cambio y la rebelión, que se mantenía precisamente despierta por las rígidas normas de conducta. Entre los estudiantes estaban representadas todas las fuerzas políticas que había en la sociedad y reinaba una gran efervescencia política debido a la pretensión de las autoridades de acabar con todas las conquistas sociales de la Revolución y del período napoleónico.

Como muestra daremos dos ejemplos. Durante los llamados Cien Días, poco antes de la incorporación de Galois al centro, muchos de los internos habían intentado dejar el Liceo para tomar las armas e ir a luchar para defender a Napoleón, y, ante la prohibición de salir del colegio, se generó una revuelta en la que a punto estuvieron de arrojar al vicedirector por una ventana. El 28 de enero de 1824, con Évariste ya interno, se celebró, como en todos los centros, un banquete en honor del instaurador de la escuela en Francia. Al mismo asistían los profesores del Liceo y 75 alumnos elegidos entre los más destacados de cada uno de los cursos. Cuando, después de los discursos de rigor, llegó el momento en que el director (destacado representante de la reacción, que aplicaba con especial rigor las normas disciplinarias, que había tenido enfrentamientos con los estudiantes, y de quien se decía que su objetivo era devolver la gestión del colegio a los jesuitas) hizo el tradicional brindis al rey, ninguno de los estudiantes respondió. Permanecieron sentados y las palabras del director fueron acalladas con ruidosas carcajadas. El incidente se saldó con la inmediata expulsión del centro de esos 75 revoltosos, con lo que se privó al mismo de sus mejores alumnos.

La formación de Galois. El Liceo

Hasta los doce años fue su madre quien se ocupó de la preparación de Évariste; debió de ser buena porque no tuvo problemas cuando entró en el Liceo. Por el contrario, su sólida formación grecolatina le hizo recibir al final de su segundo año, el 1824-25, un premio y tres menciones honoríficas.

En el verano de 1826 se produjo un cambio en la dirección del Liceo, siendo el nuevo director un antiguo profesor de teología, cuyo principal mérito era lo reaccionario de sus posiciones políticas. Al final de ese verano Évariste debía empezar el curso de

Retórica, pero sólo tenía 15 años y, a pesar de que las notas que había obtenido hasta entonces eran buenas, no eran suficiente a los ojos del director para superar el escollo de la juventud. Por eso escribió a su padre una carta en la que le comunicaba que su hijo debía repetir el curso. Le argumenta que "la inteligencia y el talento se pueden suplir con el estudio, pero no pueden sustituir al juicio, que madura sólo con la edad". No parecen razones muy convincentes, y así debía también pensarlo el mismo director, porque, adelantándose a las protestas, añadía que "no crea que sus nuevos rivales le harán fácil la victoria. Tendrá que formar parte de una de las mejores clases del instituto y sin ninguna duda su estudio tendrá que ser constante si quiere mantenerse entre los primeros".

Esta carta enfadó mucho al padre de Évariste, que se opuso a la poco razonada decisión del director y Galois volvió al inicio del curso 1826/27 para comenzar los estudios de Retórica, es decir, avanzando un curso. Al final del primer trimestre, el profesor Desforgues, encargado de la clase, juzgaba que Galois era *celoso* en el estudio y su conducta era *buena*. Eso sí, añadía la coletilla de que "tiene la mente muy joven para poder sacar un buen provecho de la clase de Retórica".

Imagen de Galois en un sello de correos francés de 1984. En él se lee: revolucionario y geómetra.

Sin embargo, cuando llegó el enero siguiente, la presión de la dirección del centro venció a la familia, y Évariste retrocedió para repetir. Esta caprichosa decisión de la dirección del colegio, que era una auténtica humillación para Galois fue, por las paradojas de la vida, causa de una afortunada coincidencia que haría cambiar las inclinaciones intelectuales del joven alumno y le harían conocer las matemáticas, que serían parte fundamental de sus quehaceres mentales y tendrían una importancia decisiva en el resto de su existencia.

Galois

Notas del segundo trimestre del curso 1826-27

Notas de estudio

Deberes religiosos: Bien

Conducta: Bastante bien

Trabajo: Satisfactorio

Disposición: Contento

Progresos: Bastante notables

Carácter: Original y extravagante

Este alumno, que trabaja bien la totalidad de sus deberes, y algunos con ardor y gusto, se desanima con facilidad cuando la materia no le gusta, y entonces descuida el deber. Le pasa igual en las lecciones, que normalmente sabe bien, pero que a veces no aprende del todo. Nunca sabe mal una lección: o no la ha aprendido del todo o la sabe bien. En cuanto a sus cualidades personales, son bien difíciles de definir. No es malo, pero es criticón, singular y hablador, le gusta llevar la contraria y hacer rabiar a sus compañeros.

El descubrimiento de las matemáticas

Fue un cambio de profesor, que ahora era Jean-Hippolyte Vernier, y un nuevo libro de texto, los que despertaron el interés de Évariste hacia las matemáticas. El libro era *Éléments de géometrie*, de Legendre, publicado en 1794, y que en sucesivas ediciones y traducciones a diferentes idiomas fue utilizado por estudiantes de toda Europa a lo largo del siglo XIX.

Si hemos de hacer caso a la leyenda tejida en torno a nuestro personaje, el impacto que le produjo el libro referido fue tal que, aunque estaba previsto que fuera suficiente para dos cursos académicos, Galois lo leyó en sólo dos días, con una avidez y una fascinación comparable con la mejor novela de aventuras. Y si lo anterior no lo podemos afirmar, lo que sí que prueba su evolución posterior, es que por medio del libro descubrió un mundo que le permitía evadirse de la cruda realidad que le rodeaba en el colegio, regida por leyes arbitrarias e injustas, y marchar hacia un mundo en que había una armonía y una coherencia que faltaban a su alrededor. A partir de ese momento las matemáticas fueron su único interés en la vida escolar y uno de los pilares fundamentales de su vida (junto con la lucha por el cambio social). Esto le llevó a desentenderse del resto de las asignaturas, a empeorar su comportamiento en el Liceo y a aislarse de sus compañeros.

Como consecuencia de su intensa dedicación a las matemáticas se resintió su rendimiento y actitud hacia el resto de las asignaturas. Así lo atestiguan las notas de los profesores, en las que sólo las del profesor Vernier son positivas: "Estudia asiduamente y con provecho". En matemáticas, avanzaba de forma sobresaliente, pero lo hacía de una forma no muy ortodoxa, sin atenerse a los caminos habituales que parecerían más apropiados para llegar a tener una sólida formación académica. En el resto de las asignaturas su mayor empeño parecía ser molestar al profesorado.

Curso 1827-28. Retórica y matemáticas preparatorias. 2º trimestre

Nota de estudio.- Conducta muy mala, carácter poco abierto. Ambiciona la originalidad. Sus aptitudes son relevantes, pero no quiere utilizarlas en la Retórica. No hace absolutamente nada por la clase. Le domina el furor por las matemáticas; pienso que sería mejor para él que sus padres permitieran que no se ocupara más que de ese estudio; pierde su tiempo aquí y no hace más que atormentar a sus profesores y hacerse abrumar de castigos. No se muestra desprovisto de sentimientos religiosos, su salud parece frágil.

Retórica.- Nota del profesor Sr. Pierrot.- Trabaja algunos deberes. Aparte de eso, hablar como siempre.

Nota del profesor Sr. Desforgues.- Disipado, hablador. Pienso que pone empeño en cansarme, y sería muy mal ejemplo si tuviera alguna influencia sobre sus compañeros.

Matemáticas preparatorias.- Nota del profesor Sr. Vernier.- Inteligencia, progresos sobresalientes. Insuficiencia de método.

Como profesor, Vernier no era especialmente bueno ni tenía demasiada habilidad para presentar las matemáticas como una ciencia abierta y en continuo crecimiento. Sus clases se limitaban a repetir el libro de Legendre, sin añadir nada más. Por eso Évariste se dedicó en solitario a buscar demostraciones diferentes de las que había en el texto y a tratar de encontrar la solución a los mil problemas que le surgían de su lectura, los cuales desbordaban con mucho las posibilidades y los intereses de Vernier. Además, Galois fue consciente en seguida de que su capacidad era superior a lo normal en la gente de su edad y pasó pronto a leer otros libros que resolvieran sus dudas. Comenzó a leer los textos originales de los grandes matemáticos de la época, entre los que estaban *La resolución de ecuaciones algebraicas, La teoría de funciones analíticas* y *Lecciones sobre el cálculo de funciones*, de Lagrange. Parece indudable que en estos trabajos fue donde Galois entró en contacto con la teoría de ecuaciones, en la cual realizaría aportaciones fundamentales los años siguientes.

Lagrange

Lagrange

Joseph Louis Lagrange (1736-1813) era de origen francés aunque nació en Turín (Italia), en cuya universidad estudió. En 1766 fue nombrado director de la Academia de Ciencias de Berlín, a propuesta del anterior director, Euler, y allí permaneció durante 20 años, pasados los cuales se trasladó a París. Durante la Revolución trabajó en la comisión para el establecimiento de un nuevo sistema de pesos y medidas. Después fue profesor de la nueva Escuela Normal (en 1795) y más tarde de la Escuela Politécnica (1797), donde explicó y editó su teoría de las funciones analíticas. Fue uno de los matemáticos más importantes del siglo XVIII, y trabajó en diferentes campos. Creó el cálculo de variaciones, sistematizó el campo de las ecuaciones diferenciales y también obtuvo importantes avances en la teoría de números. Asimismo obtuvo valiosos resultados en astronomía, escribiendo en 1788 una obra muy importante, la Mecánica analítica. *Sus resultados y métodos tuvieron gran influencia en matemáticos posteriores, en particular en Galois y en Cauchy.*

Su profesor, a pesar de sus limitaciones, no podía menos que darse cuenta de los extraordinarios progresos de Galois, así como del entusiasmo y la imaginación con que estudiaba matemáticas. Pero a la vez era consciente de que lo hacía sin método, o al menos sin lo que se solía considerar como tal: la repetición de ejercicios rutinarios y el aprendizaje por orden de las distintas reglas que conforman un libro de texto. Esto puede ser necesario para los jóvenes con un interés normal por las matemáticas, pero es un trámite que se supera con facilidad por alumnos especiales, entre los cuales se encontraba Évariste. Pero en su cortedad de alcances, el profesor Vernier quería dejar constancia de esas limitaciones y por eso daba este comentario sobre el trabajo de su alumno en la asignatura de Matemáticas preparatorias: "Inteligencia, progresos sobresalientes. Insuficiencia de método", como para curarse en salud de futuros inconvenientes en su aprendizaje. Tal vez el propio Galois fue consciente en algún momento de su vida de la limitaciones que suponía trabajar sin método, al menos para su normal desenvolvimiento académico. Aunque también puede pensarse que el hecho de haber llegado al conocimiento de algunas partes de las matemáticas sin seguir los pasos habituales, le permitió abordarlos sin prejuicios e hizo posible que utilizara otros métodos todavía desconocidos que le llevarían finalmente a poner las bases para cambiar las matemáticas de forma radical. Lo cual podría indicar que hay unos métodos de aprendizaje que sirven para las inteligencias *normales* (aquéllas que aplican lo que ya descubrieron otros) y que estarían más centrados en el razonamiento deductivo, mientras que con los jóvenes especialmente interesados y dotados para las matemáticas, y deseosos de profundizar en ellas, quizás habría que poner un mayor empeño en desarrollar la imaginación y la creatividad, lo que suele llamarse razonamiento inductivo. A su vez, esto nos lleva a que, como nunca se sabe en qué momento se pasa de *normal* a *interesado*, quizás sería conveniente poner el acento con todos los alumnos en la faceta inductiva.

Pero no eran suficientes esas notas peyorativas para que Galois desistiese de su interés. Por eso buscó una salida en la que las matemáticas tuvieran un papel destacado. Nada mejor para ello que intentar entrar en la Escuela Politécnica, que comenzaba a ser (y lo sería más en el futuro) el centro de enseñanza científica más importante de Francia, e incluso del mundo entero.

Primer intento en la Politécnica

Sin tener en cuenta las dificultades que conllevaba el acceso, sin pedir ninguna ayuda especial y confiando sólo en sus fuerzas, e

La Escuela Politécnica

La Escuela Politécnica es un centro de enseñanza de la ingeniería, dependiente del Ministerio de Defensa. Fue fundada en 1794 como escuela preparatoria común a todas las especialidades de la ingeniería civil y militar. La comisión que la diseñó estuvo presidida por el matemático Gaspard Monge, fiel seguidor de Napoleón (al que acompañó a Egipto), que fue el primer director y reunió a su alrededor una constelación de científicos de primera magnitud, como Lagrange, Laplace, Legendre y Lacroix. En sus planes de estudio se mezclaban las disciplinas teóricas con la aplicación práctica, y las matemáticas tenían una importancia fundamental. Se convirtió rápidamente en el centro de enseñanza técnica más importante de Europa, y su organización se tomó como modelo en diversos países.

Ya en los años de Galois gozaba de una merecida fama y todos los estudiantes dotados para las ciencias intentaban ingresar en ella, lo que hacía muy difíciles las pruebas de acceso. El nivel científico era alto y el ambiente político de los estudiantes solía ser bastante liberal, participando de forma destacada en las diferentes revueltas que se sucedieron en París en el siglo XIX.

incluso sin comunicar su propósito a su familia, Galois se presentó a los exámenes de ingreso en la Escuela Politécnica en junio de 1828. Lo hizo un año antes de la edad normal y sin haber seguido el curso de preparación matemática habitual de los aspirantes. Más adelante Évariste se daría cuenta de que un examen de ese tipo requería

Galois

Calificaciones del profesor Richard

Los elogiosos juicios de Richard constan en sus calificaciones de Évariste: 'Este alumno tiene una destacada superioridad sobre todos sus compañeros', y también: 'este alumno no trabaja más que las partes superiores de las matemáticas'. Estas afirmaciones contrastan con el parecer general del centro, que viene expresado en las siguientes palabras: 'Nota de estudio.- Se comporta generalmente bien; sin embargo a veces su conducta es reprensible; trabaja mucho y está dotado de grandes aptitudes y de una facilidad sorprendente. Sus progresos responden a su trabajo y a su facilidad. Tiene un carácter extravagante, es a veces poco serio, pero a menudo también parece razonable. Se porta bastante bien durante los servicios religiosos. Su salud es buena'. Y todavía más con lo que expresaba el profesor de Física y Química: 'Física.- Nota del Sr. Thillaye.- Conducta pasable, trabajo nulo. Química.- Nota del Sr. Thillaye.- Conducta pasable, trabajo nulo'. Aunque en justicia, quizás haya que adjudicar parte de culpa al propio Thillaye, un profesor que dedicaba grandes esfuerzos a enseñar a los alumnos, con los que solía tener una estrecha relación, y debía estar muy decepcionado del nulo caso que le hacía Galois a él y a sus asignaturas, en contraste con su cercanía al profesor Richard.

Gauss

Gauss

Carl Friedrich Gauss (1777-1855) es quizás el caso de genio más precoz, en una historia de las matemáticas que registra bastantes ejemplos. Él mismo solía decir que había aprendido a contar antes que a hablar. Como anécdota sirva la siguiente: cuando tenía 10 años, el maestro les propuso en clase que sumaran todos los números desde 1 hasta 100 (quizás con la esperanza de poder estar tranquilo un rato); pero todavía no había acabado de proponerlo cuando Gauss le presentó el resultado: 5050. Para ello había utilizado el procedimiento siguiente:

$$1 + 2 + 3 + 4 + \ldots\ldots + 97 + 98 + 99 + 100 =$$

$$= (1 + 100) + (2 + 99) + (3 + 98) + \ldots + (50 + 51) =$$

$$= 101 + 101 + 101 + \ldots\ldots + 101 = 50 \cdot 101 = 5050$$

Su fama de genio se extendió rápidamente y a los 14 años el Duque de Brunswick se convirtió en su protector, lo que le permitió seguir sus estudios a pesar de su origen modesto. Tuvo dudas sobre si seguir con las matemáticas o con las lenguas antiguas (para las que también estaba muy dotado), hasta que un descubrimiento que realizó el día 30 de marzo de 1796, a los 18 años (la demostración de la posibilidad de inscribir un polígono regular de 17 lados en una circunferencia, utilizando sólo la regla y el compás), le inclinó de forma definitiva por las matemáticas. Y no sólo resolvió ese caso particular, sino que dio la característica que debía cumplir n para que un polígono regular de n lados pudiera construirse con regla y compás. Era un problema que estaba pendiente desde los tiempos de la Grecia clásica.

En su tesis doctoral, en 1799, demostró otro resultado de gran importancia: el teorema fundamental del álgebra, que establece que toda ecuación polinómica con coeficientes reales se puede descomponer de forma única como producto de factores de primero y segundo grados, y, en consecuencia, que toda ecuación de ese tipo tiene al menos una raíz (real o imaginaria). Era un resultado general, pero no establecía el método efectivo de hallar esas raíces. Dos años más tarde publicó Disquisitiones Arithmeticae, *uno de los libros más influyentes de las matemáticas del siglo XIX y que transformó la Teoría de Números,.*

En 1807 consiguió una cátedra en la Universidad de Gotinga y allí continuó obteniendo resultados importantes el resto de su vida, aunque sus publicaciones no fueron muy abundantes, ya que no se decidía a hacerlo hasta que estaba todo rigurosamente demostrado. A su muerte, el Elector de Hanover le concedió el título de Príncipe de las matemáticas, denominación por la que se le conoce habitualmente.

una preparación especial. El suspenso supuso una desilusión para Évariste, pero no se dio por vencido y decidió volver al Liceo para cursar la asignatura *Matemáticas especiales* y estar en mejores condiciones de afrontar al año siguiente las pruebas de acceso.

Volvió, pues, al Liceo en octubre de 1828 y se produjo el encuentro con el profesor Richard, un buen profesional, al tanto de las últimas investigaciones, y con un entusiasmo contagioso por las matemáticas que sabía transmitir a sus alumnos. Richard en seguida se dio cuenta de la capacidad de su nuevo alumno, lo que supuso una gran alegría para Galois, que por vez primera tenía a alguien con quien compartir su interés. La relación de Richard con Galois fue especialmente fructífera para éste, porque le proponía trabajos que él iba haciendo con regularidad y que contenían soluciones originales, que el propio Richard se encargaba de explicar a toda la clase. El profesor se dio cuenta del valor de los resultados de su alumno y guardó durante toda su vida los manuscritos que le entregaba Galois. A su muerte, los dejó a otro gran matemático, Charles Hermite, con la esperanza de que sabría apreciar su valor. Hoy se conservan en el Instituto de Francia.

Las discusiones entre Richard y Galois versaban sobre los principales temas de investigación matemática de la época. La constatación de que estaban en la buena línea es el que fuera aceptado un artículo de Évariste en la revista *Annales de Mathématiques*, dedica-

Abel

Niels Henrik Abel, contemporáneo de Galois, es otro gran matemático que trabajó en el mismo campo que Galois. Era un poco mayor y tenía con él algunos puntos en común, como la nefasta relación de sus trabajos con Cauchy. También murió joven.

Abel

Abel nació en Oslo (Noruega) en 1802. Desde sus tiempos de estudiante de secundaria se dedicó a buscar la solución de la ecuación de quinto grado y al principio creía haberla encontrado.

Pero fue más adelante, hacia el final del año 1823 (con 21 años), cuando obtuvo el resultado definitivo: la ecuación general de quinto grado no era resoluble por radicales, ni de índice cinco ni de ningún otro. Con eso se daba un paso importante, ya que cerraba el problema de la búsqueda de fórmulas de resolución (sólo quedaba un aspecto importante por abordar: las condiciones que debían cumplir ecuaciones particulares para que se pudieran resolver, paso que daría Galois). Era la primera vez que un problema tenía este final. Hasta entonces, cuando un tema no se sabía resolver, simplemente se consideraba que no se seguía el camino apropiado o que no se conocían los instrumentos necesarios,

da a la publicación de investigaciones originales de matemáticos de reconocido prestigio. La aparición en el número del 1 de abril de 1829 de una demostración de un teorema relativo a fracciones continuas periódicas firmado por un alumno del Colegio Louis-le-Grand no era nada frecuente. El artículo era de calidad, pero estaba en la línea de Legendre y en él no aparecían todavía sus grandes ideas posteriores.

pero siempre con el convencimiento de que antes o después se encontraría la solución.

El resultado obtenido por Abel fue reconocido en el mundo científico noruego y obtuvo una beca para ir a estudiar a países en que el nivel científico era más avanzado. Primero fue a Berlín, donde, a pesar de reconocer su valía, no le consiguieron ningún puesto de trabajo. Abel siguió su viaje por Europa hasta recalar en París en 1826, donde intentó hablar con Cauchy, que no le hizo el menor caso. Por eso consideró que lo más procedente era redactar una memoria y enviarla directamente a la Academia de Ciencias para que la tomaran en consideración y emitieran un informe que reconociera su valor. El proceder de la Academia no fue el esperado por Abel. Entregaron la memoria a Legendre y a Cauchy para que dieran su opinión. El primero dijo que era un manuscrito muy difícil de leer y por eso dejó sólo a Cauchy en la tarea de juzgarlo. Y a éste no se le ocurrió nada mejor que llevar la memoria a su casa y ¡perderla!, por lo que no emitió su juicio (veremos que fue una forma de actuar que repitió años más tarde) y la Academia no respondió a Abel. Éste siguió trabajando en París hasta que el dinero de la beca se agotó y tuvo que volver a Noruega. Pero en Oslo tampoco logró un trabajo fijo como profesor de la universidad, y por tanto siguió con sus penurias económicas, a las que se añadió pronto una enfermedad gravísima en la época: la tuberculosis. A pesar de ella continuó obteniendo resultados muy importantes en la teoría de las funciones elípticas. Pero al poco tiempo la enfermedad le doblegó y murió el 6 de abril de 1829.

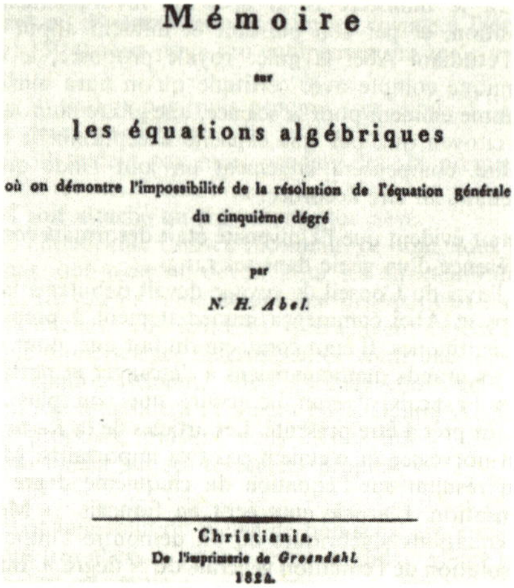

Mémoire
sur
les équations algébriques
où on démontre l'impossibilité de la résolution de l'équation générale du cinquième dégré
par
N. H. Abel.

Christiania.
De l'imprimerie de Groendahl
1824.

Reproducción del artículo de Abel titulado *Mémoire sur les équations algébriques (Memoria sobre las ecuaciones algebraicas)* publicado en Oslo (Christiania) pagando Abel la edición.

¿Como ser reconocido por la Academia?

Cuando se deseaba que un artículo o una memoria con resultados matemáticos fuera tomada en consideración por la Academia de Ciencias de París, y que ésta emitiera un juicio, el procedimiento normal era enviar el manuscrito a la secretaría de la Academia que, al recibirlo, lo anotaba en el registro de entrada y lo ponía en la lista de los trabajos pendientes de estudiar. Luego, se encargaba su examen a un grupo de académicos especialistas. Posteriormente, éstos daban su opinión al resto de los académicos en una de las sesiones plenarias. Sobre la base de ese informe tenía lugar la discusión sobre la memoria presentada.

En algunos casos el método era menos formal y a la vez más directo. Por cualquier camino (aunque solía ser por medio de alguna recomendación directa o indirecta) se hacía conocer el trabajo a alguno de los académicos y era ése quien, dando ya un primer reconocimiento de la valía del trabajo y sin pasar más etapas administrativas, lo presentaba en una de las sesiones científicas. A partir de ahí el procedimiento seguía su curso normal.

4 Un tiempo de grandes avances

En la primavera de 1829 las ideas sobre resolución de ecuaciones bullían en la mente de Galois. Le acababan de publicar un artículo en una revista prestigiosa, siendo un estudiante desconocido, y tenía por fin a alguien -su profesor Richard- que valoraba los resultados que obtenía y con quien podía discutir las ideas que le iban surgiendo. Es lógico suponer que sería para Galois un momento de gran felicidad y autoestima, tan apreciada a la edad de 18 años.

En esa época empezó a desarrollar las ideas que supondrían la resolución final del problema que quedaba pendiente tras los trabajos de Abel: caracterizar las ecuaciones resolubles por radicales, es decir, utilizando las cuatro operaciones básicas –suma, resta, multiplicación y división- y raíces de orden como máximo igual al grado de la ecuación. El procedimiento que elaboró Galois consistía en crear una estructura asociada a los coeficientes de la ecuación (lo que se llama el *grupo de la ecuación*) y estudiar las características de los diferentes tipos de grupos que pueden aparecer. Según cómo sean esos grupos las ecuaciones tendrán solución por radicales o carecerán de ella. Asistimos así al comienzo de una auténtica revolución, la del final del álgebra tal como se entendía desde hacía siglos (cuyo objeto fundamental era la resolución de ecuaciones), que daría paso a considerar como nuevo problema fundamental la caracterización de las diversas estructuras. De este modo se daba paso a las matemáticas modernas.

Ser consciente de que se está creando algo importante y novedoso tiene que provocar una auténtica satisfacción intelectual y un entusiasmo contagioso. Y de ello eran conscientes tanto Galois como Richard. Por eso éste opinaba que Galois debería ser admitido en la Escuela Politécnica (donde le acababan de suspender) sin ningún tipo de examen, ya que ella le proporcionaría el ambiente propicio para avanzar en el desarrollo y profundización de sus teorías.

Los resultados que obtuvieron dieron lugar a la redacción de dos memorias importantes. Según Richard, quienes mejor estaban en disposición para juzgar su valor eran los miembros de la Academia de Ciencias, los más destacados matemáticos franceses. Y allí las dirigieron. Además, para conseguir que el dictamen fuera rápido (y se reconociera cuanto antes la valía de los resultados), el profesor, a pesar de su timidez y de ser poco dado a utilizar procedimientos no muy regulares, se dirigió a quien pensaba que era la persona más apropiada para valorarlas: Cauchy.

Quizás la elección de Richard no fue demasiado acertada. Pero él desconocía el proceder de Cauchy con los trabajos de Abel y consideró su decisión la mas válida. Lo cierto es que éste, desde que era académico, sólo había presentado directamente un trabajo que no fuera suyo. Sin embargo, esta vez Cauchy presentó las dos memorias de Galois a la consideración de la Academia. La primera, *Recherches algébriques (Investigaciones algebraicas)*, en la sesión del 25 de mayo de 1829. Fourier y Navier, además de Cauchy, fueron los encargados de estudiarla y emitir un juicio sobre la misma. Una

Cauchy

Cauchy hacia 1830.

Augustin Louis Cauchy (1789-1857) nació a las pocas semanas del inicio de la Revolución Francesa. Cursó estudios de ingeniería civil, y después se despertó su interés por las matemáticas. A partir de 1811, siguiendo los consejos de Lagrange, presentó de manera regular diferentes memorias matemáticas a la Academia.

Tras los Cien Días, *cuando el rey Borbón vuelve a París y se inicia la revancha por parte de los monárquicos más reaccionarios contra cualquier asomo republicano y napoleónico, se expulsa de todos sus cargos a los científicos progresistas y se les sustituye por los más reaccionarios. Monge y Carnot son expulsados de la Academia y en su lugar se nombra en 1816 a Cauchy, monárquico ultra, con lo que inicia una fulgurante carrera de cargos oficiales. Se aprovechó de sus posiciones políticas para ascender socialmente y no tuvo el menor reparo en ocupar el puesto que dejaba libre la represión. Tampoco tuvo generosidad para apreciar los resultados de matemáticos jóvenes (como Abel) ni de presentar memoria alguna salvo las suyas. Sí que parece que reconoció, al menos parcialmente, el valor de los trabajos de Galois, aunque a continuación los perdió como ya había hecho con los de Abel. Pero esas actuaciones personales tan insolidarias no deben de impedir reconocer que la aportación de Cauchy fue capital para el desarrollo de las matemáticas de su época, tanto en el campo del cálculo infinitesimal (al que le dio el impulso definitivo), como en el de las ecuaciones diferenciales, la teoría de funciones de variable compleja, el álgebra y la física teórica. Él y Gauss constituyen la pareja fundamental de las matemáticas de la primer mitad del siglo XIX.*

El álgebra antes de Galois

A finales del siglo XVI se produce un gran avance en la creación de un simbolismo literal con los trabajos del matemático francés Viète, que codifica las notaciones y demuestra las reglas del cálculo literal, y las aplica a la resolución de las ecuaciones de segundo y tercer grado. El avance del álgebra continúa a lo largo del siglo XVII, siendo fundamental la obra Géometrie *de Descartes, publicada en 1637, en la que ya aparece la notación simbólica actual, y donde se muestra que organizar las ecuaciones agrupando todos los términos en un mismo miembro, que se hace igual a cero, puede resultar ventajoso.*

En el resto del siglo XVII y todo el XVIII el álgebra adquiere ya su forma moderna con la unificación y generalización del simbolismo, y la clasificación y desarrollo de los diferentes métodos. Aunque abandona su papel fundamental en las matemáticas, eclipsada por los nuevos descubrimientos (el cálculo infinitesimal y la geometría analítica, sobre todo), se va perfeccionando con la extensión de sus aplicaciones, y se comprende mejor la ventaja de tener las ecuaciones como expresiones igualadas a 0, ya que esto permite relacionarlas con las propiedades de una función con la misma expresión (una ecuación sería una igualdad de la forma f(x) = 0). Con la introducción de los números complejos, D'Alembert enuncia en 1746 el llamado Teorema Fundamental del Álgebra: *'Toda ecuación de grado n tiene n soluciones, reales o imaginarias, simples o múltiples'. Este teorema sólo será demostrado de forma rigurosa en 1799, por Gauss.*

Conocidos ya los procedimientos de resolución de las ecuaciones generales hasta de grado 4 con las cuatro operaciones y radicales de orden igual al grado, parece lógico tender a encontrar procedimientos similares para las ecuaciones de cualquier grado. Pero las tentativas se revelan estériles, por lo que los matemáticos se dedican a buscar métodos para encontrar las raíces con una aproximación prefijada (algo que es suficiente para la mayoría de las aplicaciones). De esa forma, Descartes, Newton, MacLaurin y Lagrange, entre otros, descubren los actuales métodos de resolución aproximada de ecuaciones.

Siguiendo una vía abierta hacia 1770 por Vandermonde y Lagrange y continuada hasta 1813 por Ruffini, Abel demuestra en 1824 que los fracasos de los matemáticos anteriores a él en la resolución de la ecuación general de cuarto grado no eran casuales, puesto que no se puede resolver por medio de radicales. Y aquí es donde aparece Évariste Galois en la historia del álgebra, ya que, como veremos, prolonga los resultados de Abel y aporta las condiciones que tiene que cumplir una ecuación de cualquier grado para que sea resoluble por radicales.

Para ello pone las primeras piedras de lo que será la teoría de grupos. Así se inicia, a partir de mediados del siglo XIX, un álgebra que deja ya de ser la ciencia de resolver ecuaciones, como dijera Ommar Jayyam, y pasa a ser el estudio de las estructuras algebraicas, dando lugar al álgebra moderna.

semana más tarde, en la siguiente sesión, Cauchy presentó la segunda de las memorias de Galois, *Recherches sur les équations algébriques de degré premier (Investigaciones sobre las ecuaciones algebraicas de primer grado)*, y en esta ocasión Poisson y Cauchy se encargaron de emitir el dictamen. Al final, sin embargo, todos los académicos que debían informar a la Academia sobre los trabajos de Galois acabaron delegando sus funciones en Cauchy. Éste, para tenerlas más a mano y poder emitir su parecer con más facilidad, se llevó a su casa los dos manuscritos con el consentimiento de sus colegas. Quedaba así Cauchy como único garante de los trabajos de Galois.

Durante ese tiempo ya había finalizado el curso escolar para Galois. En matemáticas, Richard le dio el premio como mejor estudiante del curso y por ello se presentó al concurso de todos los centros de París. En ese certamen propusieron un problema que Galois resolvió haciendo una generalización del mismo, algo poco habitual. Quizás por eso fue calificado en cuarto lugar. Quien obtuvo el premio, Auguste Bravais, aplicó, pasados los años, las novedosas ideas de Galois, ya muerto por entonces, al estudio de la cristalografía.

Acababa así el último curso en la escuela, con la mente de Galois trabajando a pleno rendimiento en sus originales ideas matemáticas y obteniendo poco a poco un cierto reconocimiento por parte de la comunidad matemática. Pero entraba el verano de 1829, en que diversos acontecimientos iban a torcer el rumbo de su vida.

Évariste Galois

El verano de 1829

En el verano de 1829 dos desgraciados acontecimientos van a cambiar la vida de Galois. Los partidarios de reforzar el poder de la iglesia católica se sentían fuertes por el apoyo del rey Carlos X. Un reflejo de ese auge se dio en Bourg-la-Reine, donde fue destinado al comenzar el año de 1829 un joven sacerdote que se alió con los elementos más reaccionarios de la localidad. Éstos llevaban muy a mal la permanencia de un alcalde liberal como Nicolas-Gabriel Galois, un *residuo* de épocas que aborrecían. Conscientes del respaldo de la población a su alcalde, pensaron que había que utilizar métodos distintos de la lucha política para acabar con él. Y decidieron distribuir epigramas satíricos y licenciosos sobre diferentes personas de la localidad, escritos por ellos, pero firmados por el alcalde.

El escándalo que eso causó en una sociedad cerrada y apegada a costumbres tradicionales como la de aquel pequeño pueblo, forzó al padre de Évariste a abandonar Bourg-la-Reine y dirigirse a París. Lo injusto de la situación, originada por las calumnias de sus adversarios, le sumió en una profunda depresión, que no pudo superar y que le llevó a suicidarse el 2 de julio de 1829.

Se puede suponer la impresión que el suceso produjo en Évariste. Y más todavía la forma en que se desarrollaron los funerales. El párroco, a pesar de su participación en los hechos que habían propiciado su suicidio, no dudó en presentarse a celebrar el rito fúnebre, lo que dio lugar a gritos e insultos, y en el tumulto el cura resultó herido de una pedrada en la frente. Toda la población participó en una colecta para sufragar un monumento fúnebre en el que colocaron una larga inscripción. Todavía hoy, en la fachada del ayuntamiento de Bourg-la-Reine, una lápida recuerda a quien fue su alcalde durante 15 años.

Estos hechos fueron el comienzo de la pasión política de Galois, así como de su rebelión contra la situación imperante. A pesar de que su ánimo no era el mejor para afrontar un examen trascendental para su porvenir, durante ese infausto mes de julio de 1829 tuvo que realizar el examen de ingreso en la Escuela Politécnica, al que se presentaba por segunda vez. Si Galois no era habitualmente muy respetuoso con los mayores y con las instituciones, en esos momentos, con los nervios a flor de piel y la mente dolorida por los acontecimientos que le había tocado vivir, su estado no presagiaba nada bueno.

Los dos examinadores que le tocaron en suerte no eran muy brillantes. De Dinet sólo se recuerda su nombre, y precisamente por formar parte de ese tribunal que juzgó a Galois; el otro, Lebéfure de Fourcy, era autor de aburridos libros de texto que se olvidaron pronto. Sin embargo, eran conscientes de su poder para decidir el porvenir de quienes se presentaban al examen, aunque no fueran capaces de descubrir la capacidad intelectual de los mismos.

El caso es que se produjo un encontronazo entre dos visiones muy diferentes del mundo y de las matemáticas. Un joven brillante, de una inteligencia excepcional, pero irreverente y rebelde frente a los poderes establecidos, muy influido por los recientes hechos familiares, se enfrentaba a un tribunal de dos personas no demasiado inteligentes y, por lo mismo, defensoras de conservar una situación que les favorecía. Galois no tuvo ninguna posibilidad.

Y los hechos dieron la razón a los más negros presagios: el segundo examen de Galois para intentar ser admitido en la Escuela Politécnica también acabó en suspenso. Su desarrollo ha pasado a ser una leyenda. Los miembros del tribunal le pidieron a Galois que explicara la teoría de los logaritmos, lo que éste hizo sin seguir la línea habitual de los textos escolares, dando lugar a que los examinadores le pusieran objeciones muy elementales. Comenzó así una discusión que Évariste, nervioso y seguro de tener razón, y creyendo que con unas preguntas tan sencillas intentaban humillarle, acabó tirando el borrador a la cabeza de uno de los profesores. Con aquel suceso firmó la calificación de su examen y se cerró definitivamente cualquier posibilidad de acceder a la Escuela Politécnica, ya que sólo se podía realizar la prueba dos veces.

Como la situación económica en que había quedado la familia Galois no era buena, para poder proseguir sus estudios Évariste necesitaba una beca. Eso era posible en el caso de que entrara en la Escuela Preparatoria, cuyos estudios constaban de dos cursos. La

Carta de candidatura de Évariste Galois a la Escuela Preparatoria

(Carta autógrafa escrita hacia el 10 de agosto de 1829 y transmitida oficialmente el día 12 del mismo mes).

A su Excelencia el Señor Ministro de la Instrucción Pública

Señor,

Tengo el honor de presentar a su Excelencia una petición con el objeto de añadir mi nombre a la lista, ya cerrada, de competidores para la entrada en la Escuela Preparatoria (ciencias). Destinado desde hace largo tiempo a la Escuela Politécnica, he realizado el examen de entrada en esa escuela. Pero las esperanzas que me han hecho concebir en esa dirección no han podido cegarme sobre mi verdadera vocación, y no puedo sino arrepentirme de no haberme inscrito en la época prescrita para la Escuela Preparatoria. Los estímulos de personas situadas a la cabeza del mundo de la sabiduría se unen a mi propio deseo para determinarme a abrazar esa carrera.

Me atrevo a esperar, Señor, que, si vuestra Excelencia vacilara en concederme esta petición, las informaciones que podría tener hablarían a mi favor.

Tengo el honor de ser,

Señor,

con el más profundo respeto

de Vuestra Excelencia

el más humilde y obediente servidor

E. GALOIS

Alumno del Colegio Real Louis-le-Grand

Escuela Preparatoria había sido fundada en la época de Napoleón (simultáneamente a la Politécnica) con el nombre de Escuela Normal. Su misión era formar a los profesores de las escuelas secundarias de Francia, que habían dejado de depender de las órdenes religiosas y que debían tener un profesorado estatal y laico adecuado. Posteriormente cambió su nombre y su orientación ideológica con la vuelta de la monarquía borbónica, pasando a defender una orientación religiosa de la enseñanza. En esa situación estaba cuando Évariste ingresó en ella. La organización y el nombre de Escuela Normal fue copiado en diversos países, entre ellos España.

No era excesivo el interés de Évariste por entrar en ese centro, de un nivel muy inferior a la Escuela Politécnica y profundamente reaccionario. En particular, aunque oficialmente laica, obligaba a los alumnos a realizar múltiples prácticas religiosas, con oraciones al inicio y fin de las clases y en cada comida, y con la obligación de confesarse al menos una vez al mes. Y no era una exigencia teórica, sino que, por ejemplo, no confesarse durante dos meses seguidos significaba la expulsión automática del centro, sin posibilidad de recurso. Había además un inconveniente para su entrada en esa escuela: el plazo de presentación de solicitudes había finalizado. Por eso, Évariste tuvo que hacer una carta especial en la que solicitaba ser admitido en la lista de aspirantes, que entregó junto con la recomendación del profesor Richard. Es una carta respetuosa y formal, seguramente escrita al dictado, y en la que hace referencia a las posibles recomendaciones. A pesar del retraso, fue admitido a realizar los exámenes escritos, que tuvieron lugar del 20 al 25 de agosto, y en los que Évariste se clasificó segundo de los cinco candidatos.

Una vez aprobado el ejercicio escrito, para que fuera definitiva la admisión en la Escuela Preparatoria era necesario conseguir los títulos de bachiller en Ciencias y en Letras, y pasar todavía otro examen oral de control. La falta absoluta de interés de Évariste por todas las materias diferentes de la matemáticas, junto con sus dudas de que su vocación fuera dar clases, le hizo muy difícil superar esa serie de exámenes.

El primer intento de obtener el bachillerato en Letras el 9 de diciembre se saldó con un suspenso, pero una semana más tarde lo consiguió, y el día 29 del mismo mes obtuvo también el título de bachiller en Ciencias. Le quedaba sólo superar el examen oral para poder acceder a la Escuela Preparatoria. En el examen se lució en matemáticas y ésa fue la única razón de que lo aprobara. El profesor encargado de esa disciplina escribió sobre su examen: "Este alumno deja a veces algunos puntos oscuros en la exposición de sus ideas, pero es inteligente y revela un espíritu de investigación notabilísimo. Me ha hecho conocer observaciones nuevas sobre el Análisis aplicado". Juicio entusiasta -además de ser inhabitual que un profesor confiese que ha aprendido algo de un alumno- que contrasta con el parecer del profesor de física: "Es el único alumno que me ha contestado mal: no sabe absolutamente nada. Me han dicho que este alumno es destacado en matemáticas, lo que me extraña mucho porque, a juzgar por el examen, lo creo poco inteligente; o por lo menos su inteligencia está tan escondida que me ha sido imposible descubrirla; si es realmente como me ha parecido, dudo mucho que pueda ser un buen enseñante". Fue admitido en la Escuela Preparatoria y el 20 de febrero de 1830 firmó el documento en el que se comprometía a estar diez años dedicado a la enseñanza pública.

Los comienzos en la Escuela Preparatoria. Trabajos matemáticos

Galois tenía solucionada su supervivencia económica, ya que bastaba con superar los cursos de la Escuela Preparatoria para poder dedicarse a la enseñanza. Parece probable que no fuera su principal preocupación, pero el primer curso lo superó, con no

La revolución de 1830

Tras la definitiva derrota de Napoleón en 1815, con Luis XVIII se intentó volver a la situación anterior a 1789, lo que se realizó con muchas dificultades por la resistencia popular y las dificultades económicas. El estado de cosas se agravó cuando en 1824 Carlos X sucedió a su hermano y aplicó decisiones que colocaron al país en una situación similar a la que había desencadenado la gran Revolución cuarenta años antes. En las ciudades había grandes dificultades para encontrar trabajo y en 1827 en todas las urbes hubo protestas callejeras como consecuencia del aumento del precio del pan, alimento de primera necesidad. Las elecciones de 1827 dieron el triunfo a los monárquicos moderados pero el rey continuó una política ultraconservadora, suprimiendo la (recortada) libertad de prensa, disolviendo la Cámara y convocando nuevas elecciones. El pueblo se sublevó en París y otras ciudades en julio de 1830, en los famosos tres días de julio, dando vivas a la República, levantando barricadas y enfrentándose al ejército, que no pudo contener la rabia popular. El rey abdicó en su nieto, pero ya era tarde para detener la revolución, y, apoyado por los liberales moderados, se impuso la candidatura de un rey menos reaccionario, Luis Felipe de Orleáns, refrendado por la Cámara de los Diputados el 7 de agosto. El llamado rey ciudadano, *actuó como representante de la gran burguesía pujante y enfrentada a los monárquicos reaccionarios. Si bien hubo un cierto cambio de formas (la bandera tricolor republicana sustituyó a la de los borbones), buena parte del pueblo que había tomado parte en la revolución de 1830 se sintió traicionado y siguió su combate contra la nueva monarquía que ellos mismos habían contribuido a implantar y que no les resolvía los problemas.*

demasiada brillantez, en un examen que tuvo lugar en junio y que trató sobre cálculo diferencial e integral. En el tribunal estaba, entre otros, Cauchy, y es de suponer que Galois esperaba con verdadera expectación el parecer de la Academia sobre las memorias que había presentado hacía ya varios meses. Cauchy no menciona las memorias hasta el 18 de enero de 1830, cuando en una carta dirigida al presidente se excusa de su ausencia en la sesión del día, en la que además, ¡casualmente!, dice que pensaba dar su parecer sobre los artículos de Galois, algo que pide ponga dentro del orden del día de la próxima sesión. Pero lo cierto es que no presentó el informe que prometía en su carta. Y no se tienen más noticias de las memorias por parte de Cauchy, que nunca llegó a emitir el informe. Galois nunca pudo recuperar los manuscritos originales.

Entretanto surgió una nueva oportunidad de someter a consideración pública la valía de sus resultados, porque la Academia de

Caricatura de Daumier titulada irónicamente *Viaje de Luis Felipe a través del país, donde recibe las aclamaciones de un pueblo entusiasmado.*

Ciencias, que le negaba su parecer, convocó en enero de 1830 el *Gran Premio de las Matemáticas*, y dio de plazo hasta el 1 de marzo para presentarse. Puesto que la fecha inicial del premio era de 1828, aunque la convocatoria se había ido demorando, se permitió la presentación de trabajos publicados desde el 1 de enero de 1828. Galois hizo algunos cambios en la memoria que ya había entregado en la Academia y la presentó. Era un joven con ideas matemáticas brillantes, pero sus competidores también eran dignos de consideración. Los nombres de muchos de ellos, entonces unos jóvenes desconocidos, han pasado a la historia de las matemáticas por sus importantes descubrimientos, como es el caso de Jacobi, Poncelet, Sturm, Liouville o Dirichlet. Además de todos ellos, había otro con el que la Academia tenía contraída una deuda. Nos referimos a Abel, que había alcanzado la celebridad tras su muerte y a quien no habían hecho el menor caso ni científico ni personal. De modo que encontraron una forma elegante de honrarlo: concederle el Gran Premio (a título póstumo), y también a Jacobi. Lo cierto es que el trabajo de Galois no fue ni siquiera tenido en cuenta por el jurado, ya que el original se lo llevó a su casa Fourier y a los pocos días, el 16 de mayo, murió. Nadie encontró la memoria (¡parece cosa de fatalidad!), con lo que, sin que nadie se molestara en comunicarlo al interesado, fue excluido del concurso.

Pero no todo era mala suerte, ni había ninguna mano negra que se ensañara con los resultados que iba consiguiendo Galois. En los inicios de ese año, 1830, aparecieron publicados tres artículos suyos en otra prestigiosa revista, el *Bulletin de Férussac*, acompañados de otros artículos de grandes matemáticos de la época, como Chasles, Poisson y el mismo Cauchy. No hay que olvidar que Galois seguía siendo muy joven (19 años) y era alumno en una Escuela no muy brillante.

A lo largo de este curso encontró un amigo en la Escuela, algo difícil dado su carácter poco jovial, su aire de superioridad y un cierto desprecio hacia la gente de su edad. Era Auguste Chevalier, alumno del curso superior al de Galois, que junto a su hermano Michel, tendrá una gran importancia en otro de los campos que interesó a Évariste: la política. Por medio de ellos entró en contacto con las doctrinas de Saint-Simon (precursor del socialismo y decidido pacifista que propugnaba la abolición de la propiedad privada), del que ambos eran acérrimos defensores. A partir de ese momento las ideas progresistas de Galois se radicalizaron.

La libertad guiando al pueblo (detalle) de Delacroix.

Raspail y Blanqui

François Vincent Raspail (1794-1878) fue un químico y político francés que pasó buena parte de su vida detenido o en el exilio. Militó con Galois en la Sociedad de Amigos del Pueblo y coincidió con él en la cárcel. Fundó varios periódicos. Fue candidato a la presidencia de la República tras la revolución de 1848 y estuvo desterrado desde 1849 a 1863. Más tarde fue elegido diputado en 1869. Sostuvo siempre posiciones progresistas y se enfrentó a los partidos reaccionarios.

Louis Auguste Blanqui (1805-81), teórico socialista y político francés, se sumó a la lucha republicana desde sus tiempos de estudiante y perteneció a la Sociedad de Amigos del Pueblo. Fue detenido en 1832 y 1836, y condenado a muerte en 1839, tras organizar una insurrección armada que fracasó. La pena le fue conmutada y finalmente se le amnistió en 1844. Participó en la revolución de 1848, al frente de la corriente socialista llamada blanquismo; fue detenido de nuevo y estuvo 10 años en prisión, tras los cuales se le amnistió de nuevo en 1859. Fue detenido otra vez antes de la revolución de la Comuna de París (1871), de la que estaba previsto que fuera uno de los dirigentes; cuando salió de la cárcel fue elegido diputado. Debido a que pasó buena parte de su vida entre rejas, fue conocido como el Encarcelado *y el* Mártir. *Su doctrina política concibe la acción revolucionaria como la preparación de la insurrección para la toma del poder y la instauración de una democracia dirigida por la clase obrera, para lo que se necesitaban revolucionarios profesionales y un partido con una estructura casi militar. Todas sus teorías, de carácter profundamente socialista, las plasmó en artículos y tratados teóricos, la mayoría recopilados en el libro* Crítica social, *publicado póstumamente, y en el periódico que dirigió al final de su vida:* Ni Dieu ni maître (Ni Dios ni amo).

Viendo una revolución detrás de las ventanas

Mientras tanto, la situación política y social en Francia estaba francamente alborotada, con un gran malestar de fondo. Galois cursaba su primer año en la Escuela Preparatoria. En el verano las fuerzas se desataron: fue la revolución de 1830.

El activo papel que le hubiera gustado desempeñar a Galois en la misma se vio frustrado por su condición de estudiante en la Escuela Preparatoria. En la mañana que se desencadenaron los hechos, las masas avanzaban por los alrededores de la escuela al grito de '¡Abajo los borbones!', que se escuchaba claramente desde el interior del centro. El director se dio cuenta de la situación y de la posibilidad de que los estudiantes salieran a unirse a ellos. Para prevenirlo les reunió y les recordó que su estatuto era similar al de los funcionarios del Estado o los militares, por haber firmado el compromiso de dedicarse a la enseñanza durante diez años, lo que era equivalente a un juramento ante el rey. Por tanto, su deber era defender la monarquía. Varios alumnos, entre ellos Galois, le replicaron que, por el contrario, su deber era ir a luchar en las barricadas junto al pueblo. Pero el director fue implacable: les dijo que estaba dispuesto a llamar a la fuerza pública para impedir su salida del centro y que por el momento cerraba todas las puertas para imposibilitarles el abandono del edificio.

De este forma, Évariste y sus correligionarios se vieron obligados a olvidar su papel soñado en la revolución, el del estudiante que en el cuadro de Delacroix *La libertad guiando al pueblo*, codo con codo con el resto de las masas populares, lucha contra la monarquía borbónica. En su lugar, fueron meros espectadores de primera fila tras las rejas carcelarias de las ventanas de la escuela. Una frustración mayor teniendo en cuenta que los alumnos de la Politécnica sí que luchaban contra el rey en la barricadas parisienses.

Tras esta revolución en la que Évariste no pudo participar (pero que trajo como consecuencia el cambio de nombre de su escuela, que volvió a llamarse Escuela Normal), marchó de vacaciones a su casa familiar, en lo que iba a ser su última estancia en ella. En octubre regresó a París para iniciar el segundo curso, y gracias a los hermanos Chevalier entró en contacto con otros jóvenes republicanos de izquierda, entre los cuales se encontraban Blanqui y Raspail, algo mayores que él y que pasado el tiempo fueron destacados pensadores progresistas. Con ellos, pasó Évariste a formar parte de la *Société des Amis du peuple (Sociedad de Amigos del Pueblo)*, una de las organizaciones populares más activas entre las que luchaban por cambiar la situación y que propugnaba métodos violentos para conseguir sus objetivos: lo que hoy llamarían los medios de comunicación un grupo extremista. La sociedad procuraba que sus miembros fueran conocidos por su prestigio o su talento, para poder utilizar su nombre como propaganda para reclutar nuevos adeptos. Esta sociedad era legal, pero su agitación pública en torno a la situación política llevó al procesamiento de dos de sus dirigentes y a su posterior disolución por orden judicial, por lo que pasó a actuar en la clandestinidad. Contaba también con el apoyo de una sección armada constituida por miembros de la artillería de la Guardia Nacional, un cuerpo especial dentro del ejército francés, con una gran tradición republicana y surgido en la revolución para defender las conquistas del pueblo y cuyo espíritu original permanecía al cabo de los años.

Galois, como miembro activo de la *Sociedad de Amigos del Pueblo* chocó con la dirección de la que ahora era Escuela Normal, pero que apenas había cambiado excepto en el nombre. Seguía el mismo director que antes de la revolución de 1830, que consideraba que los estudiantes no tenían que hacer política, sino simplemente estudiar. Tampoco los propios compañeros le secundaron de forma clara, porque eso podía ponerles en contra de las autoridades, en cuyas manos estaba su futuro profesional.

Por aquellos días se desarrolló una polémica en dos periódicos dirigidos a los estudiantes, *Le Lycée* y la *Gazette des Écoles*, de signos políticos opuestos y con frecuentes debates entre ellos. Ésta versó sobre los métodos utilizados por el director de la Normal para hacer carrera y sobre su actuación durante las jornadas revolucionarias. En la progresista *Gazette* había una carta sobre esa actuación, publicada con la firma de "un alumno de la Escuela Normal". Ante las sospechas que señalaban a Galois como su autor, éste fue interrogado por el director de la Escuela, pero Évariste ni confirmó ni negó su autoría. A pesar de ello se tomó como pretexto la carta para echar de la escuela a un alumno que podía causar problemas políticos.

El 9 de diciembre Galois fue expulsado de la Escuela Normal por su director, que ese mismo día daba cuenta al ministro del hecho y afirmaba que el propio Galois había confesado ser el autor de la carta a la *Gazette*, y que, según el director, 'había suscitado la indignación de toda la Escuela'. Después de esa fecha aparecieron diversas notas en la *Gazette* sobre el mismo tema, como la denuncia de la utilización por parte del director de métodos policiacos con los alumnos, preguntando a cada uno individualmente si había sido él el autor de la carta. Pero también publicaba la misma revista una carta escrita por alumnos de la Escuela en la que defendían el papel jugado por el director en el asunto de Galois. En cualquier caso, el tema de la expulsión de Galois fue durante unos días asunto de interés público y, en particular, el día 12 de diciembre el periódico *Le Constitutionnel* publicó una nota de la redacción pidiendo al ministro de Educación que reconsiderara esa expulsión, ya que se trataba de un abuso de autoridad por parte de la dirección sobre uno "de los mejores alumnos" de la Escuela Normal. Más tarde, en *Le Constitutionnel* apareció otra carta, esta vez del director de la Escuela, en la que afirmaba que todos los alumnos de la Normal lo habían defendido en contra de Galois.

Carta sobre las enseñanzas de las ciencias

(Gazette des Écoles, número del 2 de enero de 1831).

Señor redactor, os estaría agradecido si quisierais acoger las reflexiones siguientes, relativas al estudio de las matemáticas en los colegios de París.

De entrada, en las ciencias, las opiniones no cuentan para nada; los puestos no tendrían que ser la recompensa de una u otra manera de pensar en política o en religión. Me informo de si un profesor es bueno o malo, y me preocupa muy poco su forma de pensar en materias ajenas a sus estudios científicos. No podía pues ver sin dolor e indignación que, en el gobierno de la Restauración, se transformaban los puestos en el botín de los que más ideas monárquicas y religiosas ofrecían. Este estado de cosas no ha cambiado; la mediocridad, que da prueba de su repugnancia por el nuevo orden de cosas, todavía es privilegiada, y sin embargo las opiniones no deberían ser tenidas en cuenta cuando se trata de apreciar el mérito científico de las personas.

Empecemos por los colegios; en ellos, la mayor parte de los alumnos de matemáticas se dirigen a la Escuela Politécnica; ¿qué se hace para ponerlos en disposición de lograr ese objetivo? ¿Se busca hacerles concebir el verdadero espíritu de la ciencia exponiéndoles los métodos más simples? ¿Se procede de forma que el razonamiento se vuelva para ellos una segunda memoria? ¿No hay, por el contrario, cierto parecido con la forma en que se enseña el francés y el latín? Antiguamente un alumno habría aprendido de un profesor todo lo que necesitaba saber; ahora hace falta el suplemento de uno o de dos repetidores para preparar un candidato a la Escuela Politécnica.

¿Hasta cuándo los pobres jóvenes estarán obligados a escuchar o repetir todo el día? ¿Cuándo se les dejará tiempo para meditar sobre ese montón de conocimientos, para coordinar esa multitud de proposiciones sin continuación, de cálculos sin relación? ¿No tendría alguna ventaja el exigir a los alumnos los mismos métodos, los mismos cálculos, las mismas formas de razonamiento, si eran a la vez los más simples y los más fecundos? Pero no, se enseñan minuciosamente teorías truncadas y cargadas de reflexiones inútiles, mientras que se omiten las proposiciones más simples y más brillantes del álgebra; en lugar de eso, se demuestra con gran coste de cálculos y con razonamientos siempre largos, y a veces falsos, corolarios cuya demostración se hace por sí sola.

¿De dónde viene el mal? Seguro que no es de los profesores de los colegios; muestran todos un celo elogiable; son los primeros en quejarse de los que han hecho de la enseñanza de las matemáticas un verdadero oficio. La causa del mal hay que buscarla en los libreros de los señores examinadores. Los libreros quieren volúmenes gruesos: cuantas más cosas hay en las obras de los examinadores, más seguros están de hacer una venta fructuosa; he ahí por qué vemos aparecer cada año voluminosas compilaciones en las que se encuentran los trabajos desfigurados de los grandes maestros al lado de ensayos escolares.

Por otra parte, ¿por qué los examinadores hacen las preguntas a los candidatos sólo de una manera enredadora? Parece que temen ser entendidos sobre lo que preguntan; ¿de dónde viene esa desgraciada costumbre de complicar las preguntas de forma artificial? ¿Consideran la ciencia demasiado fácil? ¿Qué es lo que pasa? El alumno está menos ocupado en instruirse que en aprobar su examen. Necesita en cada una de las teorías una clase particular de cada uno de los cuatro examinadores; tiene que aprender los métodos que les gustan y saber de antemano, para cada cuestión y para cada examinador, cuáles deben ser sus respuestas e incluso su actitud.

>>

Estamos en lo cierto si decimos que se ha fundado desde hace unos años una nueva ciencia que va aumentando cada día y que consiste en el conocimiento de cosas absurdas y de las preferencias científicas, de las manías y del humor de los señores examinadores (*).

¿Eres bastante feliz por salir vencedor de la prueba? ¿Eres designado por fin como uno de los doscientos geómetras a quien se da el derecho de llevar las armas en París? Piensas haber llegado al final: te equivocas, y eso es lo que os haré ver en una próxima carta. *E.G.*

(*) La ordenanza relativa a la organización de la Escuela Politécnica hace esperar que en el futuro los examinadores se nombrarán tras su presentación por el Instituto. Pero no se sabe si será cada año o sólo para las plazas de examinador vacantes. Nos parece preferible que fueran examinadores temporales y nombrados poco antes del examen.

El debate acabó con un llamamiento de Galois, publicado por la *Gazette* y dirigido a sus antiguos compañeros: "Hay una cosa que no debéis permitir: que él [el director] os atribuya la entera responsabilidad de mi expulsión, y que, después de las pruebas de hermandad que me disteis con ocasión de mi partida, él ose decir que habéis tomado la iniciativa de mi expulsión. (...) Haced algo más, queridos compañeros; no os pido nada para mí, pero hablad por vuestro honor y según vuestra conciencia".

Las autoridades no hicieron ningún caso de la polémica y se reafirmaron en su decisión y el Consejo Real de Instrucción Pública, en su sesión del 4 de enero de 1831, acordó:

"Visto el informe del Sr. Director de la Escuela Normal sobre la expulsión temporal del alumno Galois y los motivos que la fundamentan,

Decide: Galois abandonará inmediatamente la Escuela Normal. Se decidirá posteriormente sobre su destino".

Mientras se desarrollaba esa polémica pública en los medios de comunicación, Galois se enroló en la artillería de la Guardia Nacional. Sin embargo, su situación no duró mucho, puesto que el último día del año 1830 un decreto del rey Luis Felipe destituía como jefe de la Guardia Nacional al general La Fayette, uno de sus símbolos, y empezaba una reorganización de la misma. No todos los miembros de la Guardia aceptaron el decreto, por lo que fueron detenidos y luego procesados en lo que constituyó un nuevo foco de tensión y de resistencia al rey.

El comienzo del año 1831

El 2 de enero apareció un artículo de Galois que puso en cuestión la enseñanza de las materias científicas en su país. Hay que situarse en el tiempo y el lugar y darse cuenta que Francia estaba a la cabeza de Europa (y del mundo) en todas las disciplinas científicas, y que su organización escolar era motivo de envidia y también modelo para el resto de los países. Por eso hay que destacar la clarividencia de Galois, que iba más allá. Era especialmente crítico con un sistema basado en repetir los resultados ajenos e impedir las iniciativas personales y la imaginación en la producción de nuevos resultados. No se puede obviar que Galois está afectado por los problemas que él había tenido en los exámenes y que esto le haga perder cierta objetividad. A pesar de ello, su artículo es completamente actual y muchos de sus párrafos parecen haber sido escritos hoy mismo y podrían ser suscritos con facilidad por muchos jóvenes imaginativos.

El matemático Poisson.

Pero además de criticar el sistema educativo y avanzar hacia la revolución, Galois tenía que sobrevivir. Su situación económica era mala, agravada porque su expulsión de la Normal le dejaba sin la beca. A principios de enero publica un anuncio en la *Gazette* de un "curso de álgebra dirigido a los estudiantes que deseen emprender un estudio más profundo del álgebra, puesto que en los colegios esta rama de la matemática no se trata de forma completa. El curso constará de lecciones teóricas, algunas de las cuales son nuevas. Ninguna ha sido publicada o desarrollada en conferencias públicas. Nos limitaremos a recordar una nueva teoría de los números imaginarios, la teoría de las ecuaciones resolubles por radicales y la teoría de las funciones elípticas tratadas como álgebra pura". El curso tendría una sesión semanal, se daría en la librería Caillot (muy conocida y cercana a la universidad) y comenzaría el día 13 de enero.

Es seguro que en el inicio del curso estarían sus amigos y correligionarios republicanos, a los que les interesaba brindarle apoyo moral y público, aunque no entendieran sus nuevas teorías matemáticas, ni fueran parte de sus preocupaciones. Otro académico, Poisson, se dirigió por esos días a Galois para pedirle de nuevo su memoria, tantas veces perdida, y poder presentarla a la Academia. La llevó a la Secretaría de la Academia el 16 de enero y fue presentada en la sesión del día siguiente, en la que se encargó a Poisson y a Lacroix que hicieran el informe, pero una vez más sin plazo concreto para cumplir la tarea, por lo que a Galois no le quedó más remedio que esperar.

Mientras tanto, Galois veía disminuir la asistencia a su curso de la librería Caillot hasta llegar a no tener ningún alumno. Tuvo que dedicarse entonces a impartir las típicas clases particulares a estudiantes con dificultades; de ese modo ganaba algún dinero, aunque sobre temas que carecían de interés matemático para él. No sabemos cuáles eran sus actividades matemáticas, pero parece que asistía a las sesiones públicas de la Academia, porque en abril de

Carta de Galois al presidente de la Academia de Ciencias (31 de marzo de 1831)

Señor Presidente,

Me atrevo a esperar que los señores Lacroix y Poisson no se tomarán a mal que llame de nuevo a su recuerdo una memoria relativa a la teoría de las ecuaciones, de la que ellos fueron encargados hace tres meses.

Las investigaciones contenidas en esa memoria formaban parte de una obra que había presentado, el año pasado, al concurso para el premio de matemáticas y en la que daba, en todos los casos, reglas para reconocer si una ecuación dada era o no resoluble por radicales. Como este problema ha parecido hasta ahora, si no imposible, por lo menos muy difícil a los geómetras, la comisión de examen juzgó a priori que no podía haber resuelto ese problema, en primer lugar porque me llamaba Galois, y además porque era estudiante. La comisión extravió mi memoria y se me dijo que estaba perdida.

Esta lección debería haberme sido suficiente. Sin embargo, con el consejo de un honorable miembro de la Academia [según el testimonio póstumo de su amigo Chevalier se trataría de Poisson], rehice en parte mi memoria y os la presenté. Veis, señor Presidente, que mis investigaciones han sufrido hasta el presente la misma suerte aproximadamente que las de los cuadradores [del círculo, problema imposible, como se sabe]. ¿Será llevada la analogía hasta el final?

Tened a bien, señor Presidente, hacerme perder la inquietud invitando a los señores Lacroix y Poisson a declarar si han perdido mi memoria o si tienen la intención de rendir cuenta de ella a la Academia. Recibid, señor Presidente, el homenaje de vuestro respetuoso servidor.

E. GALOIS

Sophie Germain

Sophie Germain

Hasta la época de Galois, la historia de la Matemática registra los nombres de muy pocas mujeres, a causa de las enormes dificultades que tenían que superar para poder estudiar. Entre las que a pesar de las trabas sociales, familiares e ideológicas, consiguieron destacar podemos citar a la francesa Sophie Germain (1776-1831), que conoció a Galois y del que no tenía muy buena impresión personal. Germain fue excluida de los estudios académicos normales de la época por el hecho de ser mujer y tuvo que estudiar matemáticas por sí misma, incluso a espaldas de su familia, que consideraba sus aficiones una extravagancia. Conoció un libro de Lagrange y, tomando el nombre de un amigo para evitar que se supiera que era una mujer, le envió algunos comentarios sobre el mismo. Éstos fueron apreciados por Lagrange, que a partir de ese momento fue el introductor de Sophie en los círculos matemáticos. También tuvo una correspondencia duradera con Gauss, pero durante mucho tiempo utilizando el seudónimo para no despertar rechazos.

En 1816 recibió un premio de la Academia de Ciencias de París por su trabajo Investigaciones sobre la teoría de las superficies elásticas, *que llevaba aparejado la publicación del mismo y la autorización para asistir en lo sucesivo a las sesiones de la Academia, algo que hizo desde ese momento con asiduidad (fue allí donde conoció a Galois). A pesar del reconocimiento por parte de la Academia de París nunca llegó a tener ningún título académico; Gauss propuso a la Universidad de Gotinga que le concediera el título de doctora honoris causa, pero fue rechazada su propuesta, aunque más tarde, ya fallecida Germain, volvió a realizarla y finalmente consiguió el nombramiento a título póstumo.*

1831 la matemática Sophie Germain, en una carta a su colega italiano Libri, se refiere a Galois diciendo que "ha mantenido su costumbre de insultar, una de cuyas pruebas la ha dado en tu mejor conferencia en la Academia" (en la que Libri presentó una memoria sobre la resolución de una clase de ecuaciones algebraicas). Es decir, las relaciones de Galois con las autoridades seguían siendo borrascosas. Otra prueba de su carácter altanero y difícil la ofrece la carta que dirige al presidente de la Academia el 31 de marzo, en la que pide cuentas de lo que ha pasado con su memoria.

Encontronazo con la justicia

Habíamos dejado a finales del año 1830 a la Guardia Nacional en proceso de reajuste y con algunos de sus miembros detenidos por oponerse a ello. Aunque pronto fueron liberados, tenían pendiente el juicio por esos hechos, el llamado 'proceso de los diecinueve' por el número de los inculpados. El juicio tuvo lugar en el mes de abril y fue aprovechado por los acusados y por sus abogados para hacer propaganda de las ideas republicanas, argumentando que si se negaban a disolver la Guardia Nacional era para defender las conquistas obtenidas por el pueblo. El proceso acabó con la absolución de todos los acusados. En este desenlace influyó en gran medida la propaganda de los periódicos republicanos y la agitación en las calles. Los acusados fueron recibidos como héroes a su salida del juzgado y la Sociedad de Amigos del Pueblo inició una suscripción popular para ofrecerles un banquete de homenaje y desagravio, convocado para el 9 de mayo en el restaurante *Les Vendanges de Bourgogne* .

Se juntaron en él todos los radicales de París, entre los que se encontraban, además de Galois, sus camaradas de la *Sociedad de Amigos del Pueblo* y el escritor Alejandro Dumas, el famoso novelista, autor, entre otras obras, de *Los tres mosqueteros o El conde de*

Montecristo, que escribió sobre los asistentes en sus *Memorias*, diciendo que "hubiera sido difícil encontrar en todo París doscientos comensales más hostiles al gobierno". El ambiente estuvo caldeado desde el principio por la pequeña victoria de la absolución de los acusados y fue subiendo con el consumo de bebidas hasta el momento del brindis. Los encargados de éstos los habían escrito previamente y procuraron no ser muy explícitos para evitar problemas con la policía política, omnipresente en París, y más en una concentración de ese tipo. Pero, tras ellos, entre gritos y aplausos, se fueron levantando diferentes asistentes para hacer brindis improvisados. Galois se puso de pie con una copa en una mano y un cuchillo en la otra y gritó en tono amenazador: "¡Por Luis Felipe!"; gesto que fue imitado por muchos de los comensales que gritaron repitiendo los ademanes amenazantes hacia el rey. La celebración acabó en un gran tumulto, que aprovecharon algunos de los asistentes para marcharse apresuradamente, incluso por la ventana, como Alejandro Dumas.

La policía política reparó en Évariste, pero no debió de juzgar conveniente detenerle allí, quizá por ahorrarse problemas. Sin embargo, al día siguiente se presentó en su casa, con la acusación de incitación a un atentado contra la vida del rey. Le condujeron a la cárcel de Sainte-Pélagie hasta que se celebrara el juicio, lo que le supuso una estancia de más de un mes, ya que la vista pública del proceso comenzó el 15 de junio.

Vista aérea del Arco del Triunfo de París y sus alrededores.

Cuando el juez le pidió su versión de los hechos, Galois la suavizó notablemente, al declarar que tenía un cuchillo en la mano porque con él estaba cortando la carne del banquete y que al levantarse su brindis fue: "¡A Luis Felipe si traiciona su juramento!" (había una cierta prevención sobre que el rey podría traicionar los valores de la revolución de 1830, que le había llevado al trono y que había jurado defender). Évariste añadió que, puesto que había un gran ruido en la sala, la segunda parte del brindis sólo la escucharon los asistentes más cercanos. A pesar de lo increíble de la excusa, sea por la juventud del acusado, porque consideraron que no era un gran peligro o porque era la primera vez que se veía en una situación semejante, fue absuelto de la acusación.

Pero no le duró mucho su estancia en libertad, ni siquiera un mes, porque el 14 de julio, aniversario de la Revolución de 1789, fue detenido otra vez, en este caso por vestir de forma ilegal el uniforme de artillero de la Guardia Nacional. Los republicanos quisieron hacer ese día una reunión de todo el pueblo en la plaza de la Bastilla y plantar allí el árbol de la libertad, para lo que llegaron en un cortejo con banda de música. Invitaron a todo el pueblo a asistir al acto y en particular a los miembros de la Guardia Nacional se les pidió que fueran de uniforme. El jefe de policía consideró que el acto era subversivo y podía generar incidentes y lo prohibió; y para prevenir los desórdenes decidió el arresto preventivo de los republicanos más destacados, entre los cuales estaba Galois. Pero cuando fueron a detenerlos a sus casas, la noche del 13 de julio, la mayoría se había marchado de las mismas. De esa forma, Galois pudo salir a la calle a la cabeza de una manifestación para dirigirse a la Bastilla. Pero la comitiva fue disuelta por la policía, dispersados sus integrantes y detenidos los que la encabezaban, entre ellos Galois, que fue conducido primero a la comisaría y más tarde de nuevo a la cárcel de Sainte-Pélagie, que acababa de dejar. Ahora las acusaciones eran más graves y su estancia iba a ser más prolongada.

El dictamen de la Academia

Cuando comenzó el juicio de junio contra Galois aparecieron en algunos periódicos republicanos notas refiriéndose al mismo. Debido a los hermanos Chevalier, resultó especialmente importante la aparecida en *Le Globe*, de ideología sansimoniana, el 15 de junio, en la que se hace referencia a su carácter de destacado matemático y se pregunta por el destino de su Memoria, tantas veces presentada a la Academia.

Galois

Artículo en el periódico *Le Globe*

"...El Sr. Galois, aunque sea muy joven (no tiene todavía veinte años), ha dado ya pruebas incontestables de una alta capacidad científica; pero, a pesar de todos sus esfuerzos, no ha encontrado más que frialdad o desdén por sus talentos. Viéndose oprimido por el orden social, se ha agriado, descorazonado, exasperado. Sentía que llevaba dentro de sí los gérmenes de un brillante porvenir, pero, tirado en medio de una sociedad egoísta, sin protectores y sin amigos, estos gérmenes han quedado sin cultivo; ha concebido un odio violento contra un régimen en que el azar del nacimiento condena al olvido tantas facultades preciosas, mientras que ese mismo azar eleva tantas nulidades. Se ha vuelto indisciplinado e, ingresado en la Escuela Normal, ha sido obligado a salir de ella como consecuencia de altercados con sus superiores.

He aquí, a continuación, algunos detalles que harán comprender si el alma enérgica del joven Galois no es excusable en su antipatía contra el estado actual de la sociedad, antipatía que se ha manifestado en la escena del restaurante Les Vendanges de Bourgogne.

La alta capacidad matemática del Sr. Galois es un hecho constante: ha descubierto las propiedades de las funciones elípticas a la vez que el Sr. Abel, ese sabio del Norte del que el Instituto [de Francia] no supo apreciar el mérito más que después de que muriera en la miseria. El año pasado, antes del 1 de marzo, el Sr. Galois remitió al secretariado del Instituto una memoria sobre la resolución de las ecuaciones algebraicas. Esta memoria debía competir en el Gran Premio de las Matemáticas. Era digna de él, porque resolvía algunas dificultades que el mismo Lagrange no había conseguido resolver. El Sr. Cauchy había prodigado por eso los mayores elogios a su autor. ¿Qué importa? Se pierde la memoria y el premio se adjudica sin que el joven sabio haya figurado en el concurso. Y por toda respuesta a una carta dirigida a la Academia de Ciencias, en la que el joven Galois se quejaba del olvido de que había sido objeto su trabajo, el Sr. Cuvier respondió: 'Es una cosa bien simple: la memoria se perdió a la muerte del Sr. Fourier, que estaba encargado de examinarla'. Hoy, la memoria ha sido reescrita y presentada de nuevo al Instituto. El Sr. Poisson, encargado de examinarla, no ha cumplido todavía su obligación, y eso que hace más de cinco meses que su desdichado autor espera una palabra benévola de la Academia.

El Sr. Galois, además, es autor de numerosas notas matemáticas relativas a problemas menores, que han aparecido en varias revistas científicas.

¿La sociedad puede realmente mancillar con una condena a un joven cuyos extravíos momentáneos certifican en tan alto grado la imprevisión y el egoísmo de la sociedad misma? ¡Qué enseñanza sobre todo para los sabios cuya indiferencia es la causa fundamental de sus extravíos!".

Informe de Poisson sobre la memoria de Galois (4 de julio de 1831)

"El objetivo que el autor se propone en esta Memoria es demostrar un teorema que enuncia así:

'Para que una ecuación irreducible de grado primo sea resoluble por radicales es condición necesaria y suficiente que, conocidas dos cuales quiera de sus raíces, las otras se deduzcan racionalmente'.

El autor entiende por ecuación irreducible una ecuación cuyos coeficientes son racionales y que no puede descomponerse en otras ecuaciones que tengan también sus coeficientes racionales. Según esta proposición, la ecuación general de tercer grado, por ejemplo, sería resoluble porque, siendo la suma de las tres raíces igual al coeficiente del segundo término tomado con signo contrario, cada una de ellas se expresa racionalmente por medio de las otras dos. Las notas encontradas en los papeles de Abel y que han sido impresas después de su muerte en el Journal *del Sr. Crelle, tomo V, página 345, contienen una proposición análoga a la del Sr. Galois, cuyo enunciado adjuntamos:*

'Si tres raíces de una ecuación irreducible cualquiera, cuyo grado es un número primo, están relacionadas entre ellas de forma que una de esas raíces pueda ser expresada racionalmente por medio de las otras dos, la ecuación de la que se trata será siempre resoluble por radicales'.

Este enunciado difiere del expuesto por el Sr. Galois en que el geómetra noruego no dice que la condición que el da sea necesaria, sino solamente que es suficiente para que la ecuación sea resoluble; no parece que él la vea como indispensable; pero se encuentra en las notas citadas otra proposición relativa a la resolución de una clase numerosa de ecuaciones que podrían no cumplir esa condición.

No parece tampoco que sea a esta proposición a la que hace alusión en el pasaje de una carta escrita al Sr. Legendre y publicada después de la muerte de Abel en el Journal *de Crelle, tomo VI, página 80:*

'He sido bastante feliz', dice, de encontrar una regla segura con ayuda de la cual se podrá reconocer si una ecuación cualquiera propuesta es resoluble o no con la ayuda de radicales. Un corolario de mi teoría hace ver que generalmente es imposible resolver las ecuaciones superiores al cuarto grado'.

Ignoramos si Abel ha dejado un manuscrito de esta teoría; nada de ella ha sido todavía impresa, y tampoco la demostración del teorema análogo al que es objeto de este Informe y que pertenecería enteramente al Sr. Galois si llegara a establecerlo de una forma satisfactoria. Sin embargo, se debe advertir que no se cierra, como el título de la Memoria prometía, la condición de resolubilidad de ecuaciones por radicales; porque admitiendo como cierta la proposición del Sr. Galois, no se habría apenas avanzado para saber si una ecuación dada cuyo grado es un número primo es resoluble o no por radicales, ya que sería necesario primero asegurarse de si esta ecuación es irreducible, y a continuación si una de las raíces puede expresarse como función racional de las otras dos. La condición de resolubilidad, si existe, debería tener un carácter exterior que se pueda verificar con la inspección de los coeficientes de una ecuación dada, o, todo lo más, resolviendo otras ecuaciones de un grado menos elevado que la propuesta.

Comoquiera que sea, hemos hecho todos los esfuerzos por comprender la demostración del Sr. Galois. Sus razonamientos no son ni bastante claros ni bastante desarrollados para que hayamos podido juzgar su exactitud y no estaríamos incluso en disposición de dar una idea de ellos en este Informe. El autor anuncia que la proposición que es el objeto especial de su Memoria es una parte de una teoría general susceptible de muchas otras aplicaciones. A menudo sucede que las diferentes partes de una teoría, iluminándose mutuamente, son más fáciles de entender en su conjunto que aisladamente. Se puede pues esperar que el autor haya publicado su trabajo completo para formarse una opinión definitiva; pero en el estado en que está la parte que ha sometido a la Academia, no podemos proponeros darle vuestra aprobación".

Seguramente el hecho de que ya fuera público el *olvido* de la Memoria de Galois debió de dar un poco de prisa a los académicos Lacroix y Poisson, encargados de la misma, porque en la sesión del 4 de julio presentaron su informe. Éste no fue positivo, porque no habían entendido lo que había escrito Évariste, algo difícil de hacer, ya que había algunos errores en la redacción de la misma, aunque de poca importancia comparados con sus ideas innovadoras. Se lavaron las manos con consideraciones técnicas y propusieron finalmente no darle la aprobación, aunque le dejaron una puerta abierta animándole a desarrollar y hacer más explícitos sus trabajos.

Segunda estancia en la cárcel

Galois empezó su estancia de tres meses en la cárcel como preso preventivo hasta que a finales de octubre fue juzgado bajo la acusación de vestir uniforme de forma ilegal y de llevar armas prohibidas. La pena fue más severa que la de otros acusados del mismo *delito*, puesto que era reincidente, aunque en el anterior proceso hubiera sido absuelto. La condena, confirmada después de su apelación, fue de nueve meses de cárcel: hasta abril de 1832.

Galois siguió en la cárcel sus investigaciones y en octubre redactó un prólogo para su Memoria. Encontró inspiración y tiempo para seguir con sus elucubraciones matemáticas y para redactar nuevas obras (como el prefacio para *Dos memorias de análisis puro* o una nota sobre Abel). A pesar de todo, su situación anímica no debía de ser del todo buena. Así lo recoge su hermana en su diario del mes de diciembre después de alguna de sus frecuentes visitas a la cárcel. Escribe que lo ha encontrado con unos ojos como si tuviera cincuenta años. Si su hermana le visitó con asiduidad durante su estancia en la cárcel, no lo hizo, en cambio, su madre, con la que había discutido después de su expulsión de la Escuela Normal y con la que ya no vivía en el momento de su detención.

No cesaban de repetirse los intentos de sublevar al pueblo contra el rey y a favor de la república. Pero esos intentos fueron frenados en la primavera por el miedo profundo de la población a una tremenda epidemia de cólera que se desató en todo el territorio de Francia y se transformó en la primera preocupación de todos, ya que se extendía rápidamente ayudada por la mala situación social y las pésimas condiciones higiénicas. En París hubo muchas muertes entre las gentes menesterosas y las familias con posibilidades económicas abandonaron las ciudades para dirigirse al campo, donde la menor densidad de población disminuía el riesgo de contagio.

La alarma llegó a tales extremos que alcanzó incluso a los centros penitenciarios, donde no se ponía demasiado empeño en el bienestar de los reclusos. En la cárcel en que se encontraba Évariste, para atajar la propagación de la epidemia y salvar vidas, se decidió sacar de la misma a los más jóvenes y a todos aquéllos que tuvieran una salud frágil. Ambas condiciones se daban en Galois y en el mes de marzo fue trasladado a una casa de reposo situada en el mismo París. Allí se encontraba en calidad de detenido *bajo su palabra*, es decir sin especiales condiciones de vigilancia.

En ese establecimiento sanitario trabajaba como médico el doctor Poterin-Dumotel, que vivía con toda su familia en la misma calle, al lado de la clínica. Así conoció Évariste a una de sus hijas, Stephanie, de la cual se enamoró, algo nuevo para él y que le debió de insuflar nuevas energías y ansias de vivir. Las relaciones entre jóvenes de distinto sexo no eran tan fluidas como ahora, puesto que entre otros inconvenientes sociales había una gran dificultad incluso para encontrarse: en los centros de enseñanza, de reunión, en los cafés o sociedades políticas, incluso en las manifestaciones callejeras, sólo había varones, ninguna chica aparecía por allí.

No sabemos si el amor de Évariste por Stephanie fue correspondido. El único testimonio de su relación son dos cartas que ella le escribió y que al parecer Galois destruyó en un acceso de mal genio por las noticias que le traían, pero que más tarde reescribió con su propia letra pero firmando como Stephanie D. (y que hoy se conservan). Hay en ellas espacios en blanco, quizás porque Évariste no las conseguía recordar en su totalidad, pero se entiende el sentido general. La primera de ellas comienza: "Por favor, rompamos nuestras relaciones. No tengo bastante ánimo para seguir una correspondencia de esta naturaleza, pero me esforzaré en reunir el suficiente para conversar contigo como lo hacía antes de que nada sucediera". ¿Qué es lo que pasaba antes y qué sucedió en el intermedio? Quizás en un principio mantuvieron una relación de amistad

franca, que le hizo concebir a Évariste la esperanza de tener la posibilidad de continuar con unas perspectivas más profundas y a largo plazo con una relación amorosa. Tal vez sólo existían esas esperanzas en la imaginación de Évariste y era otro el punto de vista de Stephanie. Quizás hubo entonces una declaración amorosa por parte de Galois, que no era lo que ella deseaba y por eso le dice que deberían romper las relaciones o en todo caso volver a unas simples relaciones amistosas.

Ese corto episodio de relación con Stephanie debió de tener una influencia importante y desfavorable en el ánimo y la moral de Galois. Por ser la primera, porque estaba en unas condiciones muy desfavorables (en la cárcel, sin dinero, con dificultades permanentes de relacionarse, con sus trabajos matemáticos sin valorar...), con un genio inestable e irascible, debía de significar mucho para él cualquier signo de aprecio, más por parte de una chica. Y prueba de ello es que aparecen en los márgenes de sus manuscritos anagramas formados por la E y la S entrelazadas, iniciales de ellos dos, y el nombre Stephanie superpuesto al de Évariste.

El impacto que le causó la rotura con Stephanie (que tiempo después se casaría con un profesor de lengua) lo rela-

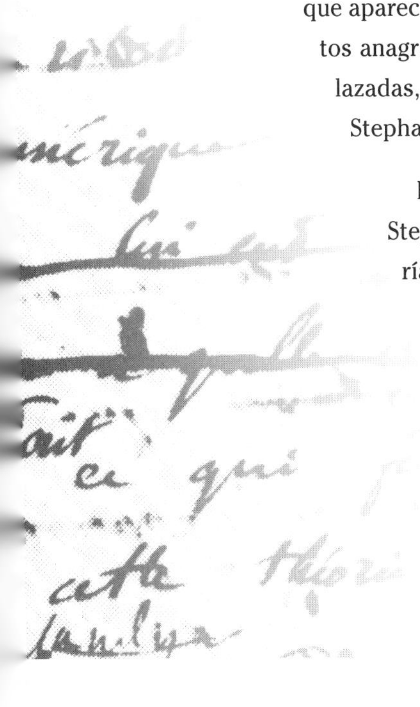

Combinación de la E de Évariste y la S de Stephanie (abajo a la izquierda) para formar un anagrama. Arriba a la izquierda se puede leer el nombre de Évariste superpuesto sobre el de Stephanie.

ta Évariste en una carta a Auguste Chevalier fechada el día 25 de mayo: "¿Cómo puedo consolarme cuando, en un mes, he agotado la más rica fuente de felicidad que puede tener el hombre, cuando la he agotado sin felicidad, sin esperanza, cuando estoy cierto de haberla secado de por vida?". Como se ve, quedó desolado, aunque tal vez, en un estilo muy romántico propio de la época, carga un poco los tintes amargos. Pero su depresión debió de ser profunda.

También en la casa de salud continuó Galois pensando y escribiendo. Y durante esos meses de marzo y abril de 1832 redactó unas notas llamadas *Discusiones sobre el progreso del análisis puro.*

5 El desenlace

El 29 de abril Évariste cumplió la totalidad de la condena de cárcel y podía abandonar la casa de salud. Pero no tenía dinero ni lugar adonde dirigirse, ya que con su madre no quería volver. Podría haberse ido a vivir con alguno de sus escasos amigos, como los hermanos Chevalier, que vivían en una comuna sansimoniana. Pero prefirió seguir en la casa de reposo.

La situación política volvió a agitarse. Los monárquicos más reaccionarios postulaban la vuelta al trono de los borbones y querían echar al rey Luis Felipe, un usurpador según ellos, y aprovecharon la vuelta a Francia de la duquesa de Berry, destacada representante de la dinastía. Los republicanos fueron perseguidos por la policía y la *Sociedad de Amigos del Pueblo* disuelta y sus locales clausurados, por lo que tuvieron que actuar en la clandestinidad. Consideraron que el momento era el adecuado para atrapar a Luis Felipe entre dos fuegos (ellos y los partidarios de los borbones) y así acabar con él. Para adoptar la estrategia adecuada celebraron una reunión secreta el día 7 de mayo, a la que asistió Galois después de su estancia en la cárcel.

El 25 de mayo escribió una carta a Auguste Chevalier, en contestación a una suya anterior, en la que mostraba no estar en un buen momento de ánimo, pues dice que *"hay seres destinados quizás a hacer el bien, pero a no disfrutarlo nunca. Creo ser uno de esos"*. Y continúa: *"Me dices que los que me quieren deben ayudarme a superar las dificultades que me pone el mundo. Los que me quieren son escasos, como sabes. Eso quiere decir, por tu parte, que te crees obligado a hacer lo mejor que sabes para convencerme. Pero es mi deber prevenirte, como he hecho cien veces, de la inutilidad de tus esfuerzos"*. En una posdata añade: *"Estoy desencantado de todo, incluso del amor a la gloria"*. Y también hay en ella una controversia sobre la necesidad de la violencia en esos días (recordemos que Auguste era sansimoniano y por tanto partidario de la no violencia), cuando le dice que, *"cuando la violencia no sea una necesidad en mi convicción, lo será en mi corazón. No quiero haber sufrido sin vengarme. Aparte de eso seré de los vuestros"*. Y le comunicaba también que iría a verle el día 1 de junio y que a partir de ese día se verían a menudo en la primera quincena de ese mes.

Y llegó el día 29 de mayo, en que Évariste escribió tres cartas. Una de ellas está dirigida *"A todos los republicanos"* y les pide que no le reprochen no haber muerto por su país, sino hacerlo *"víctima de una infame coqueta"*. La segunda tiene por destinatarios a *"sus buenos amigos"* N.L. y V.D. (iniciales quizás de Napoleón Lebon y Vincent Duchâtelet, este último detenido junto con Galois el 14 de julio) y en la cual les anuncia su muerte al día siguiente como consecuencia de un duelo al que *"ha sido imposible negarme"*, y les pide: *"Guardad mi recuerdo, ya que la suerte no me ha dado bastante vida para que la patria conozca mi nombre"* (quizá no fuera del todo sincera la afirmación que le hace a Chevalier de que está desencantado del amor a la gloria).

Una tercera carta, bastante más larga, la envió a Auguste Chevalier y es un testamento de sus descubrimientos matemáticos:

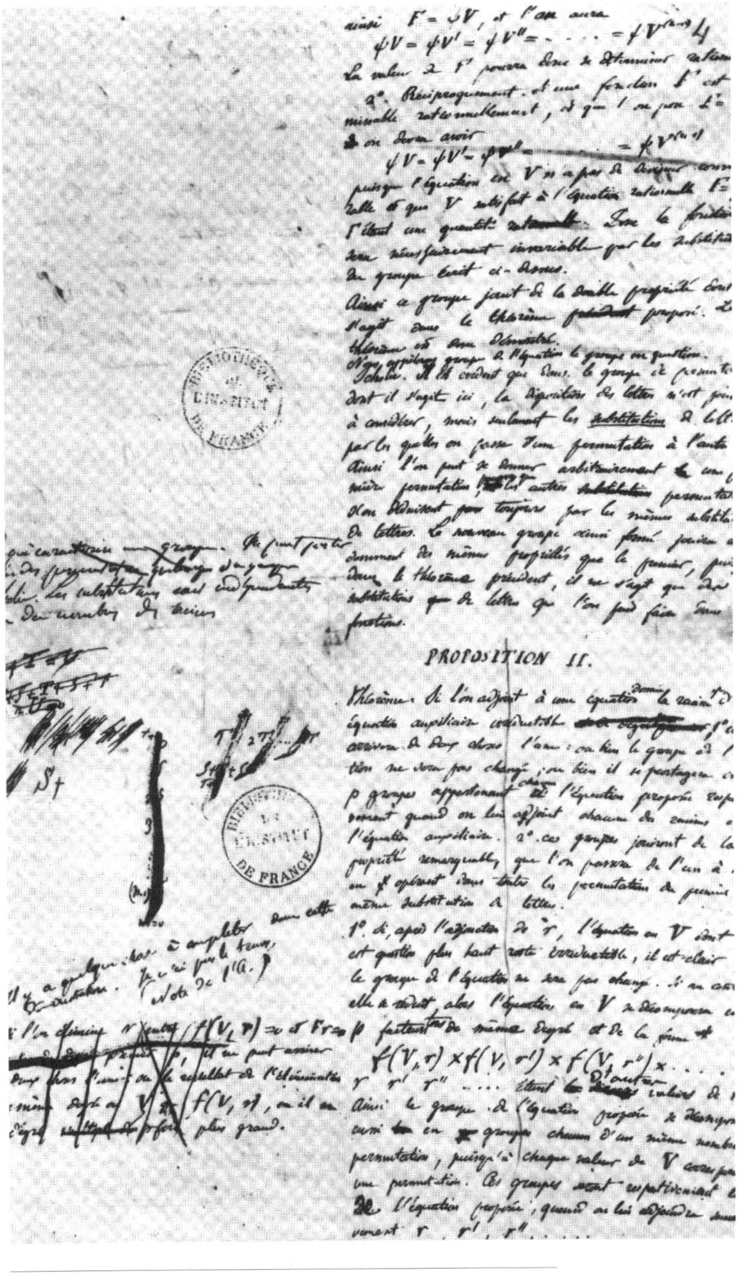

Reproducción de uno de los manuscritos de Galois.

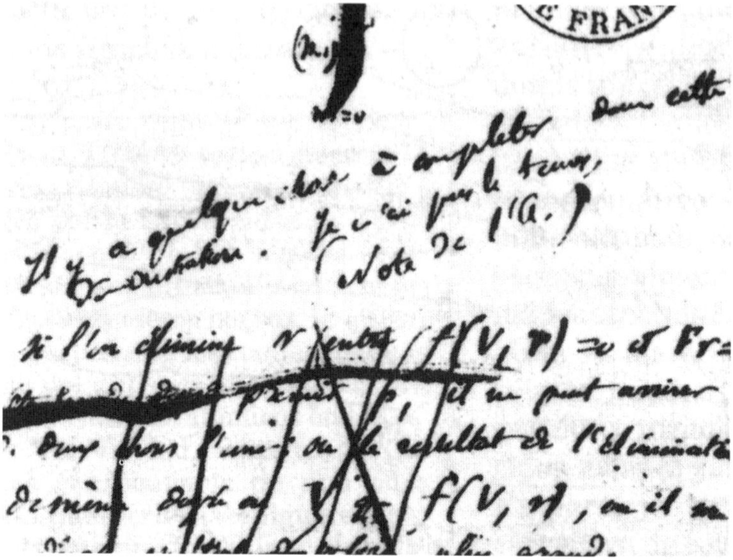

Detalle del manuscrito de la página anterior, en el que puede leerse en su margen izquierdo la nota "Il y a quelque chose à compléter dans cette démostration. Je n'ai pas le temps" ("Faltan cosas por completar en esta demostración. No tengo tiempo").

"Querido amigo, he hecho en análisis muchas cosas nuevas. Unas tienen relación con la teoría de las ecuaciones; las otras con las funciones integrales. En la teoría de ecuaciones, he investigado en qué casos las ecuaciones eran resolubles por radicales; lo que me ha dado la ocasión de profundizar en esta teoría y describir todas las transformaciones posibles en una ecuación, incluso cuando no es resoluble por radicales. Se podría hacer con todo esto tres Memorias. La primera está escrita; y, a pesar de lo que ha dicho Poisson sobre ella, la mantengo con las correcciones que le he hecho. La segunda contiene aplicaciones bastante curiosas de la teoría de ecuaciones. He aquí el resumen de las cosas más importantes".

Siguen cuatro páginas con ese resumen. Luego, continúa: *"La tercera Memoria se refiere a las integrales"* y la desarrolla en tres páginas, al acabar las cuales confiesa que *"no tengo tiempo, y mis ideas no están todavía bien desarrolladas en este terreno, que es inmenso"*. Prosigue dándole una orden: *"Harás imprimir esta carta en la Revista enciclopédica"* (algo que su amigo efectivamente cumplirá en septiembre de ese año). Posteriormente Galois le dice que *"todo lo que he escrito lo llevo en la cabeza desde hace un año y tengo mucho interés en no equivocarme para no ser sospechoso de haber enunciado teoremas de los que no tenía la demostración completa"*. Y sigue: *"Pedirás públicamente a Jacobi o Gauss que den su parecer, no sobre la validez, sino sobre la importancia de estos teoremas"*. Y finaliza la carta diciendo: *"Después de esto, habrá, espero, gentes que encontrarán provechoso descifrar todo este lío. Te abrazo efusivamente"*.

En la mañana del día 30 de mayo, como anunciaban las cartas, un tiro de pistola disparado a unos veinticinco pasos hirió a Évariste en el abdomen. La bala le atravesó el intestino en varios sitios y le hizo una herida grave pero sin causarle la muerte inmediata. El adversario del duelo le dejó malherido y un antiguo oficial le encontró en la calle y lo llevó al hospital. A su hermano Alfred, que llegó en cuanto le avisaron, le dijo que quien le había herido era un policía. A primeras horas del día siguiente, 31 de mayo, se le declaró a Évariste una peritonitis aguda, infección de pronóstico fatal en la época. A pesar de que se presentó un sacerdote, Galois no quiso hablar con él. Sus últimas palabras fueron dirigidas a su hermano, al que dijo: *"No llores, me hace falta todo el ánimo para morir a los veinte años"*. Y poco después, a las diez de la mañana, falleció.

Al día siguiente se celebró su entierro en el cementerio de Montparnasse de París, donde se concentraron unos tres mil republicanos para rendirle un último homenaje de respeto y camaradería, en un clima de tensión, y dispuestos a aprovechar la ocasión para desencadenar revueltas contra el poder. Dos dirigentes de la Sociedad de Amigos del Pueblo hicieron su elogio fúnebre en los funerales laicos. Durante el entierro se conoció la noticia de la muerte de Lamarque, un célebre general de Napoleón, cuyos funerales podrían ser motivo para continuar la agitación republicana en los días siguientes, como así ocurrió.

La noticia de la muerte de Galois apareció en todos los periódicos de París, pero sin darle relevancia, como una pequeña nota entre tantas otras. La carta que Évariste dirigió a Chevalier el 29 de mayo fue publicada, junto con una esquela redactada por su amigo, en el número de septiembre de la Revista enciclopédica. Tampoco fue motivo de un interés especial su obra, que cayó en el olvido. Tendrían que pasar doce largos años para que volviera a ver la luz. En septiembre de 1843, Liouville anuncia en la Academia que había encontrado entre los papeles de Galois una solución concisa (una de las características distintivas del lenguaje matemático, junto con la universalidad y la ausencia de ambigüedades), pero tan exacta como profunda de este bello problema: 'Dada una ecuación de grado primo, decidir si es o no resoluble por radicales'. Y tres años más tarde, en 1846, el mismo Liouville publicó en una revista que él mismo dirigía una reedición de los artículos de Galois junto con sus dos memorias inéditas. Aunque tardía, su repercusión y su influencia fue inmensa en las matemáticas de la segunda mitad del siglo pasado y en las de todo el siglo XX. Pero nos falta tratar una cuestión fundamental, un tanto detectivesca, y no muy clara: ¿quién mató a Galois y cuál fue la razón del duelo que causó su muerte?

Hipótesis sobre la muerte de Galois

Aunque con un poco de retraso a Galois le llegó la gloria que decía despreciar. Su muerte fue consecuencia de las heridas que le produjo un tiro disparado en un duelo (real o fingido). Pero las incógnitas sobre el caso son muchas. La primera y principal, desde luego, es: ¿cuáles fueron las razones que le llevaron a ese duelo cuyo fatal desenlace tenía tan seguro, como escribe en sus tres cartas del día 29? Y si el resultado era inexorable, ¿se trataba en realidad de un duelo o más bien de una encerrona sin más salida que la muerte? Y si era así, ¿por qué no pidió ayuda a sus camaradas para hacerlo más igualado o incluso huyó de París, puesto que tenía tiempo para hacerlo?

Discutiremos los pros y los contras de cada una de las hipótesis. Y después cada uno podrá sacar sus propias conclusiones.

La primera hipótesis, la más sencilla (puesto que es la que Évariste escribió como desencadenante del duelo) y la que parece más lógica, es que la causa del enfrentamiento fue una disputa amorosa, como consecuencia de su ruptura sentimental con Stephanie, que como hemos visto le dejó muy abatido. Pero en las cartas que escribió en la víspera del duelo se refirió a 'una infame coqueta', y ésta no es una manera apropiada de nombrar a alguien de quien se ha estado (y quizá se está) enamorado y que niega el amor pero no la amistad. Si no fue ella la causante del duelo, sino una infame coqueta real, ¿de quién se trataba? ¿Dónde y cuándo la había conocido, en el escaso espacio de tiempo transcurrido? ¿Cuáles fueron las relaciones con ella, su profundidad y las circunstancias atribuladas de las mismas, capaces de llevarle a un duelo? Y, tanto si fue por causa de Stephanie como por otra mujer, ¿quién le desafió? ¿Cómo es que estaba tan seguro de que iba a morir? No tenemos respuestas a esas preguntas, pero nos hacen dudar de la hipótesis, o al menos que podamos tener certeza sobre la misma.

Otra hipótesis extendida es que su muerte fue provocada por una encerrona de la policía política de Luis Felipe en forma de duelo amoroso. A favor tenemos el hecho de que esa es la causa que él confesó en el lecho de muerte a su propio hermano. Pero en contra hay también algunos cuantos hechos y reflexiones. En primer lugar, Galois era efectivamente un molesto opositor al régimen pero no alguien de una extrema importancia en la filas de los republicanos radicales, ni tampoco destacaba por sus métodos violentos ni por su tirón popular (basta pensar que se le había dejado en semilibertad antes de tiempo por un simple temor al contagio de cólera). Tampoco era alguien con un pasado militar que pudiera poner por sí solo en movimiento fuerzas importantes que pudieran desencadenar una insurrección. Y además no era una práctica habitual en aquellos años: su camarada Raspail, militante al que se podría comparar, pasó largos años en el exilio pero no sufrió ningún quebranto físico ni atentado de ninguna clase; Blanqui fue incluso condenado a muerte, pero amnistiado posteriormente. Por tanto no podemos tampoco dar mucha verosimilitud a una versión de ese tipo, en el que el desafiante sería un pistolero profesional a sueldo de la policía (o un policía). Además, en ese caso Galois podría haber denunciado el complot y evitarlo con la huida o congregando a un grupo de camaradas. Y nada de eso hizo.

Queda por fin una tercera hipótesis: el suicidio disfrazado de asesinato político. Hemos visto que una de las situaciones más favorables para provocar disturbios callejeros que desencadenaran una revolución popular era la muerte de algún republicano por parte del régimen. Si la muerte de Galois fue un suicidio presentado como una venganza de la policía, se explicaría su certeza de que iba a ser fatal para él; y también sería una razón para que no se le diera publicidad al nombre del contrincante del duelo, que no sería un enemigo sino un camarada que colaboraba de forma necesaria en la escenificación del acto. Hay que recordar, en apoyo de esta explicación, un par de factores. Por una parte los múltiples motivos de depresión que Évariste encontraba en su situación personal y que ya hemos citado (sentimentales, monetarios, familiares, falta de reconocimiento matemático...), le podían llevar a encontrar el sentido de su vida en una muerte que desencadenara la sublevación. Además, ya había un antecedente familiar de suicidio en la persona de su padre, que provocó revueltas populares; y si bien de la relación familiar no hay por qué deducir una predisposición psicológica al suicidio, sí hay que pensar en una proximidad de hábitos y de apreciaciones que pudieran hacerlo menos lejano para él. Por otro lado hay una nota de un periódico progresista de Lyon, *Le Précurseur*, que al referirse a la muerte de Galois en las fechas de la misma, da una explicación en esta línea: "El joven Évariste Galois se ha batido con un viejo amigo suyo, un hombre muy joven, como él, y miembro de la *Société des Amis du Peuple*.[...] Cada uno de ellos estaba armado con una pistola y ha hecho fuego a bocajarro. Sólo una de estas armas estaba cargada". Podemos incluso elucubrar que eran dos camaradas dispuestos a que el azar decidiera quién iba a ser el mártir de la represión que deseaba su organización, en una especie de macabra ruleta rusa. Se puede también pensar que la decisión primera fue simplemente resultar herido para provocar una reacción ante los métodos represivos, y que sólo por un error resultara mortal y le provocara horribles dolores antes del desenlace.

Existe también el testimonio de Dumas sobre quién fue el adversario de Galois en el duelo. Se trataría de Pescheux d'Herbinville, camarada suyo, uno de los 19 oficiales de la Guardia Nacional absueltos en el juicio al que nos hemos referido. No era un agente de la policía política infiltrado en las filas republicanas, pues después de la revolución de 1848 que acabó con Luis Felipe se hizo pública la lista de agentes secretos y él no aparecía. En cualquier caso, los duelos eran aceptados en la época y nadie fue inculpado de la muerte de Galois (o asesinato, como queramos). En contra de esta hipótesis, sin embargo, está la carta que dirigió a Auguste Chevalier en la que le decía que iría a visitarle.

Son éstas algunas reflexiones acerca de la desgraciada muerte de Galois, para él y para el desarrollo de las matemáticas y por tanto de la humanidad. Cada cual puede analizarlas y llegar a su conclusión. Aunque, según él escribía, quizás no muy sinceramente, no buscaba la gloria, la influencia posterior de sus brillantes ideas y las consecuencias de su obra han sido tantas que su gloria es imperecedera: forma parte de la historia cultural de la humanidad y su nombre jamás será olvidado. Pocas personas con una vida tan breve han tenido un reconocimiento similar.

6 Resolución de ecuaciones y Teoría de Galois

En este apartado vamos a tratar sobre el modo de resolver ecuaciones por medio de las cuatro operaciones básicas (suma, resta, multiplicación y división) y radicales de índice como máximo igual al grado. Lo haremos hasta las de cuarto grado, que son las únicas en que se puede conseguir una fórmula para resolver la ecuación general. Esto, como hemos visto, fue un resultado obtenido por Abel, y luego prolongado por Galois al caracterizar las condiciones que tienen que cumplir las ecuaciones particulares que se pueden resolver por radicales.

La obtención de algunas fórmulas la haremos con detenimiento, para mostrar que no es una tarea sencilla. Se verá de esa forma la habilidad operativa de las diferentes personas que se han dedicado a lo largo de la historia a la resolución de ecuaciones, algo que nos preocupa más que el rigor en la demostración de resultados dentro de una teoría general. También daremos una sucinta visión de las ideas aportadas por Galois para poder decidir si una ecuación es resoluble o no, inicio de lo que posteriormente se llamó *Teoría de Galois*. La profundización en ella o el análisis de sus consecuencias sobrepasa con mucho el objeto de este libro.

Resolución de la ecuación general de primer grado

Se trata de una ecuación de la forma:

$$ax = b \qquad [1]$$

que se puede obtener de cualquier expresión con una sola incógnita por medio de la aplicación cuantas veces sea necesaria de los dos procedimientos básicos del álgebra, los que ya aparecen en su nombre: transposición y eliminación. Una vez que hemos llegado a la expresión [1], pocos problemas hay para hallar el valor de x, ya que tiene que ser un número que multiplicado por a nos permita obtener b. Y eso es justamente la definición de división de los dos números b y a, con lo que la solución es:

$$x = \frac{b}{a}$$

Resolución de la ecuación general de segundo grado

Es prácticamente seguro que todo aquél que ha llegado hasta aquí en este libro conoce la fórmula para resolver cualquier ecuación de segundo grado. En cambio no es tan frecuente que se sepa deducir, lo que vamos a hacer como entrenamiento para, más adelante, deducir igualmente las de las ecuaciones de grado mayor, que no sólo son más complicadas, sino que además no suelen ser tan conocidas.

Lo haremos siguiendo todos los pasos. La ecuación general de segundo grado, poniendo todos los términos en el primer miembro, es:

$$ax^2 + bx + c = 0 \qquad [2]$$

donde a, b y c son números cualesquiera, positivos o negativos, y además $a \neq 0$, porque en otro caso sería una ecuación de primer grado. Para obtener la fórmula que nos permita obtener sus raíces vamos a hacer en primer lugar, para facilitar las cosas, un cambio a otra variable o incógnita que designaremos por z (caso particular de la llamada *transformación de Tschirnhaus* que volveremos a utilizar)[i]. Se trata del siguiente:

$$x = z - \frac{b}{2a} \qquad [3]$$

o lo que es igual:

$$z = x + \frac{b}{2a} \qquad [4]$$

Sustituyendo el valor de [3] en [2] tendremos:

$$a\left(z - \frac{b}{2a}\right)^2 + b\left(z - \frac{b}{2a}\right) + c = 0$$

y realizando las operaciones indicadas (que dejamos al lector) se llega a obtener:

$$a\,z^2 - \frac{b^2}{4a} + c = 0$$

Vemos que se trata de otra ecuación de segundo grado, pero en la que ha desaparecido el término de primer grado. Ahora, ya podemos obtener z^2 y por tanto z. Procedemos así:

$$a\,z^2 = \frac{b^2}{4a} - c$$

luego:

$$z^2 = \frac{b^2}{4a^2} - \frac{c}{a}$$

---

[i] Esta transformación realizada en un polinomio de grado n permite pasar a otro en el cual el coeficiente del término de grado (n - 1) es igual a 0. En nuestro caso, por tanto, hace desaparecer el sumando bx y transforma la ecuación en otra con sólo un término en z^2 y el término independiente. La forma general de la transformación para un polinomio de grado n, $P(x) = a_0 x^n + a_1 x^{n-1} + \ldots$, es $x = z - \frac{a_1}{na_0}$

O bien, poniendo el mismo denominador en las dos fracciones, así:

$$z^2 = \frac{b^2}{4a^2} - \frac{4ac}{4a^2} = \frac{b^2 - 4ac}{4a^2} \qquad [5]$$

Con lo que los dos valores de z serán las dos raíces cuadradas (positiva y negativa) de la expresión [5]:

$$z = \pm \sqrt{\frac{b^2 - 4ac}{4a^2}} = \pm \frac{\sqrt{b^2 - 4ac}}{2a} \qquad [6]$$

Y ahora sustituyendo el valor de [6] en la expresión [3] llegamos a:

$$x = \frac{-b \pm \sqrt{b^2 - 4ac}}{2a}$$

que es la conocida fórmula para la obtención de las dos posibles soluciones de una ecuación de segundo grado.

Resolución de la ecuación general de tercer grado

Se puede transformar cualquier ecuación de tercer grado en otra equivalente (es decir con las mismas soluciones) en la que el coeficiente del término de mayor grado sea igual a 1. Para ello basta con dividir todos los coeficientes por el del término x^3. Por eso consideraremos como ecuación general de tercer grado a la siguiente:

$$x^3 + m\,x^2 + n\,x + p = 0 \qquad [7]$$

Realizamos, como con la ecuación de segundo grado, la '*transformación de Tschirnhaus*', que en este caso será [ii]:

$$x = z - \frac{m}{3}$$

[ii] Aplicación a este caso de la expresión general que aparece en la nota anterior.

Haciendo las correspondientes sustituciones (que dejamos al cuidado del lector) llegamos a una ecuación de tercer grado sin término en z^2 , que pondremos en la forma:

$$z^3 + az + b = 0 \qquad [8]$$

que es la ecuación que tendremos que resolver para obtener las soluciones de [7], que es lo que vamos a hacer a continuación.

En primer lugar, señalar que en [8] podemos considerar que tanto a como b son distintos de 0, porque en otro caso la solución es inmediata. En efecto, si a = 0, [8] se reduce a:

$$z^3 + b = 0 \qquad\qquad z^3 = -b$$

y las soluciones son las raíces cúbicas de -b. Si por el contrario b = 0, entonces la ecuación [8] se transforma en:

$$z^3 + az = 0 \qquad\qquad z(z^2 + a) = 0$$

cuyas soluciones son, por una parte, z = 0 y, por otra, las soluciones de $(z^2 + a) = 0$, es decir las raíces cuadradas de -a.

Abordamos, por tanto, la solución de [8] con $a \neq 0$ y $b \neq 0$. Para ello hacemos un nuevo cambio de variables: z = u + v, y se obtiene (invitamos al lector a que lo compruebe):

$$u^3 + v^3 + (u+v)\,(3\,uv + a) + b = 0 \qquad [9]$$

Si (u+v) verifica [9] y además (3 uv + a) = 0, llegamos al sistema:

$$u^3 + v^3 = -b$$

$$u\,v = \frac{-a}{3}$$

que se puede también escribir, elevando la segunda ecuación al cubo, como:

$$u^3 + v^3 = -b$$

$$u^3\,v^3 = \frac{-a^3}{27}$$

Luego de u^3 y v^3 conocemos la suma y el producto, y por tanto son las raíces de la ecuación de segundo grado:

$$t^2 + bt - \frac{a^3}{27} = 0 \qquad [10]$$ iii

cuyo discriminante es:

$$\varnothing = b^2 + \frac{4a^3}{27} = \frac{27\,b^2 + 4a^3}{27}$$

Y en consecuencia las dos raíces de [10], que son u^3 y v^3, serán:

$$\frac{-b + \sqrt{\varnothing}}{2} \quad \text{y} \quad \frac{-b - \sqrt{\varnothing}}{2} \qquad [11]$$

Con lo cual u y v son las raíces cúbicas de las dos expresiones de [11] y la incógnita z que buscamos encontrar es, por fin, la suma de esas dos expresiones de u y de v.

Así hemos encontrado la fórmula que nos da la solución de la ecuación de tercer grado [8], que es la llamada *fórmula de Tartaglia-Cardano*:

$$x = \sqrt[3]{\frac{-b}{2} + \frac{1}{2}\sqrt{\frac{27\,b^2 + 4a^3}{27}}} + \sqrt[3]{\frac{-b}{2} - \frac{1}{2}\sqrt{\frac{27\,b^2 + 4a^3}{27}}}$$

cuya apariencia es bastante complicada, aunque no lo es tanto en algunos casos. Es de destacar que este método altamente sofistica-

---

iii Según el resultado (se deduce con facilidad de la fórmula de resolución de la ecuación de segundo grado que hemos obtenido en el apartado anterior), que afirma que la suma de las raíces de la ecuación $x^2 + r\,x + s = 0$ es igual a $-r$, y el producto de las mismas igual a s.

do que se obtiene con toda una serie de cambios imaginativos y de hallazgos interesantes, fue encontrado hace más de cuatro siglos, lo que hace que sea más digno de admiración.[iv]

Ejemplo 1.- La ecuación típica que resuelve Cardano es $x^3 + 6x = 20$, que puesta en la forma habitual es $x^3 + 6x - 20 = 0$ ($a = 6$, $b = -20$). Utilizando la fórmula de Cardano que hemos hallado, y puesto que la raíz cuadrada que nos aparece es:

$$\sqrt{\frac{(-20)^2}{4} + \frac{6^3}{27}} = \sqrt{108}$$

queda como solución de la ecuación la expresión aparentemente complicada:

$$x = \sqrt[3]{10 + \sqrt{108}} + \sqrt[3]{10 - \sqrt{108}}$$

cuyo valor, como se puede comprobar con facilidad con una calculadora, es $x = 2$ (solución que se podría haber encontrado con facilidad sin haber aplicado una fórmula tan complicada).

Ejemplo 2.- Al aplicar la fórmula de Tartaglia-Cardano a la resolución de la ecuación:

$$x^3 + x + 1 = 0$$

como la raíz cuadrada que aparece es $\sqrt{\frac{1}{4} + \frac{1}{27}} \approx 0{,}5357\ldots$
nos queda:

$$x = \sqrt[3]{\frac{-1}{2} + \sqrt{\frac{1}{4} + \frac{1}{27}}} + \sqrt[3]{\frac{-1}{2} - \sqrt{\frac{1}{4} + \frac{1}{27}}}$$

---

iv Para más detalles de esta fórmula y de su aparición histórica puede consultarse el volumen 4 de esta colección *Cardano y Tartaglia. La aventura de la ecuación cúbica*, de Francisco Martín Casalderrey.

que utilizando la calculadora nos da como valor real $x \approx -0{,}68...$ Las otras dos soluciones son imaginarias.[V]

La aplicación de la fórmula anterior, sin embargo, es complicada (puesto que implica la utilización de números complejos aunque la solución sea real) cuando el discriminante de la ecuación al que nos hemos referido antes, $b^2 + \frac{4a^3}{27}$, es negativo, ya que las dos raíces cuadradas que aparecen dentro de las raíces cúbicas son negativas. Éste es el llamado *caso irreducible*. Es lo que sucede, por ejemplo, con la ecuación:

$$x^3 - 15x - 4 = 0$$

que tiene por discriminante $\varnothing = b^2 + \frac{4a^3}{27} = (-4)^2 + \frac{4(-15)^3}{27} = -484$, lo que nos lleva, aplicando la fórmula, a:

$$x = \sqrt[3]{2 + \sqrt{-121}} \quad \sqrt[3]{2 - \sqrt{-121}}$$

lo cual da lugar a números complejos, a pesar de que tiene tres raíces reales: $x_1 = 4$, $x_2 = -2 + \sqrt{3}$ y $x_3 = -2 - \sqrt{3}$, como puede comprobarse fácilmente.

Resolución de la ecuación general de cuarto grado

Todavía más sofisticada que en el caso de la ecuación de tercer grado es el procedimiento para encontrar la solución de la ecuación general de cuarto grado, para lo cual se utiliza el método de Ferrari.

[V] Recordemos que los números imaginarios aparecen en la resolución de ecuaciones cuando tenemos que extraer raíces cuadradas de números negativos. La unidad imaginaria se representa por $i = \sqrt{-1}$ y cualquier número imaginario c se puede poner en la forma binómica $c = a + bi$, donde a y b son números reales.

Empezamos, como en los casos anteriores, con una ecuación con el término en x^4 igual a 1, para lo cual basta dividir por el coeficiente de ese término (también se podría conseguir sin término en x^3, realizando la adecuada transformación de Tschirnhaus); es decir, con una ecuación de la forma:

$$x^4 + a x^3 + b x^2 + c x + d = 0 \qquad [12]$$

A partir de aquí descomponemos el primer miembro en un producto de trinomios de segundo grado, teniendo en cuenta que si desarrollamos el cuadrado de $(x^2 + \frac{ax}{2} + \delta)$, los dos primeros términos que nos aparecen son $x^4 + a x^3$, teniendo que calcular el valor de δ por igualación con la ecuación [12]. Esas condiciones nos llevan a una ecuación de tercer grado cuya incógnita es δ, que se resuelve por el método de Cardano que hemos visto en el apartado anterior. Así, llegamos a descomponer [12] en producto de dos trinomios de segundo grado, cuyas cuatro raíces (dos de cada uno de ellos) son las soluciones de la ecuación de cuarto grado original [12]. La escasa utilidad práctica del método, junto con la complicación de las transformaciones involucradas nos obliga a no desarrollarlo aquí. Únicamente queremos señalar que se obtiene así una expresión para las raíces en las que solamente intervienen los coeficientes de [12] y raíces hasta cuarto grado.

Este camino de resolución se intentó seguir con las ecuaciones generales de grado 5 y mayor, pero sin ningún éxito. Algo que no podía llegar porque, como ya hemos visto, Abel demostró que la ecuación general de grado 5 no se puede resolver por radicales. Y la contribución genial de Galois a la teoría de resolución de ecuaciones fue la determinación de las condiciones en las que una ecuación es resoluble por radicales, lo que da como consecuencia que para todo $n \geq 5$ haya ecuaciones polinómicas que no son resolubles por radicales. Damos a continuación un esbozo de la lúcida aportación del matemático francés.

Teoría de Galois

Hay que admitir primero que es complicado ofrecer en pocas líneas la contribución de Galois a la teoría de resolución de ecuaciones, ya que fue de tal calibre que acabó con el propio objeto del álgebra. A partir de sus resultados se pasó a poner el acento en el estudio de las estructuras algebraicas. Intentaremos en todo caso dar algunas de las características generales de la misma.

Diremos que un conjunto G en el que hemos definido una operación * (una ley que permite asociar a cada dos elementos a y b de G otro elemento de G, que representamos por a*b, de forma única) tiene una estructura de grupo cuando se cumplen las siguientes propiedades: la operación es asociativa (dados tres elementos cualesquiera a, b y c de G podemos operar con ellos asociándolos como queramos y obtendremos el mismo resultado: $a*(b*c) = (a*b)*c$; existe un elemento que operado con todos los de G no los cambia (si lo representamos con 1 cumple que $1*a = a$, para todos los elementos a de G), que llamamos la unidad, y cada uno de los elementos de G tiene asociado otro elemento operado con el cual nos da la unidad (cualquier elemento a de G tiene un *inverso* b tal que $a*b = 1$). Si un grupo tiene un número finito de elementos, a ese número se le llama orden del grupo. Ejemplos de grupos son los números enteros con la suma, o los números racionales, excepto el 0, con la multiplicación (hay que dar el par formado por el conjunto y la operación).

Un subconjunto S del grupo G, que con la operación de G también sea grupo, se llama subgrupo de G. Todos los grupos tienen al menos un subgrupo, el formado como único elemento por la unidad, y en todos los subgrupos está contenida la unidad. Por ejemplo, en el caso de los enteros, un subgrupo es el formado por los enteros pares. Si el grupo G es finito, el orden de todos sus subgrupos es divisor del orden del grupo. Y se llama índice de un subgrupo al cociente entre el orden del grupo y el del subgrupo.

Otro caso de grupo, que tiene que ver con la resolución de ecuaciones, es el de las permutaciones, que vamos a explicitar. Supongamos que tenemos tres elementos que representamos por 1, 2 y 3. Estos tres elementos los podemos escribir de seis formas diferentes: 123, 132, 213, 231, 312, 321. Si partimos de la forma inicial 123, para pasar a la segunda, 132, tenemos que permutar los elementos 2 y 3 (poner el 2 en el lugar del 3 y viceversa). Si hacemos dos permutaciones de forma sucesiva (hacemos su producto*) pasamos a otra permutación; por ejemplo, 213, seguida de 312, nos lleva a 321 (poner en primer lugar el número que está en el tercer lugar de 213, en segundo lugar el que está primero en 213 y en tercer lugar el que está segundo): que podemos escribir 213*312 = 321. Con esta operación el conjunto de todas las permutaciones es un grupo, que se representa S(3), y que se llama simétrico porque su tabla es simétrica respecto a la diagonal principal. Y puesto que tiene 6 elementos, S(3) es un grupo de orden 6. Sus posibles subgrupos serán de orden 2 y 3.

Un subgrupo de S(3) es {123, 213}, de orden 2; otro de orden 3 es {123, 231, 312}. Si en vez de 3 elementos partimos de 4, entonces el grupo de las permutaciones S(4) tiene 24 elementos (que es el producto 2 x 3 x 4 y que se suele llamar factorial de 4 y se representa por 4!) Y en general con n elementos S(n) tiene n! elementos (2 x 3 x 4 x...x n).

Pasamos a ver ahora las ideas de Galois sobre la resolubilidad de ecuaciones. Si tenemos una ecuación con coeficientes racionales, por ejemplo $x^4 + p\,x^2 + q = 0$, llamamos R al cuerpo formado por todas las expresiones racionales de p y q (coeficientes de la ecuación) con coeficientes en el cuerpo de los números racionales. Si hallamos las cuatro raíces de esa ecuación, x_1 , x_2 , x_3 y x_4 ,encontramos algunas relaciones entre ellas, como $x_1 + x_2 = 0$ ó $x_3 + x_4 = 0$, que siguen siendo verdaderas aunque hagamos algunas permutaciones entre las raíces (en concreto para 8 de las 24 permutaciones de S(4)).

Estas 8 permutaciones dejan invariables todas las relaciones de las soluciones de la ecuación anterior y es lo que Galois llama el 'grupo de la ecuación', y que es una medida de la ignorancia que tenemos respecto a esas raíces, puesto que son indistinguibles por esas ocho permutaciones. El índice de este grupo en S(4) es 3 (24, orden de S(4), dividido por 8).

Ahora podemos ampliar el cuerpo R con otras relaciones entre los coeficientes para obtener otro cuerpo R', con lo que tendremos una parte de las anteriores permutaciones que dejan igual todas las relaciones de las raíces en R', que serán también un grupo, subgrupo del anterior. Continuamos esas ampliaciones hasta llegar a un cuerpo en el que la única permutación que deja invariables todas las relaciones entre las raíces es la unidad. En el caso de la ecuación anterior se van encontrando subgrupos de órdenes 8, 4, 2 y 1, por lo que los índices de cada uno respecto al anterior son $\frac{24}{8} = 3$, $\frac{8}{4} = 2$, $\frac{4}{2} = 2$ y $\frac{2}{1} = 2$.

En esencia, el resultado de Galois sobre resolubilidad por radicales de una ecuación tiene que ver con una serie de subgrupos (de un tipo especial, llamados normales) del grupo de permutaciones, cada uno subgrupo del siguiente, asociados a lo que llama Galois resolventes de la ecuación. Y este teorema dice que una ecuación es resoluble por radicales si y sólo si los índices de todas las etapas de esa sucesión de subgrupos son números primos. Es lo que pasa en la ecuación que hemos citado antes ($x^4 + px^2 + q = 0$), y pasará en todas las ecuaciones de grado 4. En efecto, el orden de S(4) es 24, y nos lleva a una serie de subgrupos de índices 3, 2, 2 y 2, como antes. En el caso de la ecuación general de grado $n > 4$, S(n) tiene n! elementos y nos lleva a una serie de dos subgrupos de índices 2 y $\frac{n!}{2}$, y este último número nunca es primo, luego la ecuación general de grado n no es resoluble por radicales.

Como se ve, incluso en este conciso resumen, la *Teoría de Galois* es una construcción complicada y en las memorias de su autor estaba formulada de forma muy oscura, lo que explica que ni siquiera los académicos la entendieran del todo, aunque conseguía caracterizar completamente las ecuaciones resolubles por radicales. No continuamos con el tema porque sólo nos proponíamos dar un ligero esbozo. Quien esté interesado en profundizar en esta teoría puede recurrir a la bibliografía que aparece al final de este libro o a cualquier otro texto de álgebra que trate la misma cuestión.

7 Epílogo para jóvenes (de espíritu por lo menos...)

Éste es un libro que trata de un hombre que murió muy joven, y que a lo largo de su vida vertió su entusiasmo juvenil en sus dos grandes pasiones, las matemáticas y la revolución. Antes de despedirnos es el momento de reflexionar en voz alta sobre algunos aspectos que creemos interesantes para todos los jóvenes (en edad o en espíritu), algo que quizás ya hayan hecho nuestros lectores, pero que nos resistimos a dejar en el metafórico tintero del ordenador.

1.- Habrás visto aparecer a lo largo de estas páginas a diferentes matemáticos que encontraron resultados muy importantes siendo todavía muy jóvenes. En unos casos, porque murieron prematuramente (como Abel y Galois) y, en otros, simplemente porque, aunque siguieron con vida y trabajando en las matemáticas, como Gauss o Gödel, muy pronto desentrañaron problemas difíciles. Se explica así que la Medalla Fields, algo así como el equivalente matemático del inexistente Premio Nobel, se otorgue a personas no mayores de 40 años. Se considera que a partir de esa edad ya no se tiene imaginación suficiente como para encontrar resultados notables.

2.- Aunque no se trata de poner en cuestión gratuitamente la necesidad y las bondades de la enseñanza, al menos en el caso de las contribuciones que han marcado la historia de las matemáticas, como hemos visto con Galois, se dio una mezcla de un gran interés por el tema a investigar y una cierta falta de asunción de los métodos tradicionales de investigación. Sería algo así como que una falta de dominio de los métodos que se utilizaban hizo posible que se tuvieran que introducir otros que a la postre resultaron más eficaces que los anteriores.

Esto viene a demostrar que un empeño grande en el dominio de las técnicas tradicionales en cualquier ámbito puede ser un inconveniente para transitar por caminos distintos de los habituales, mientras que una cierta lejanía (y hasta alguna dosis de desprecio, como en el caso de Galois) ante los mismos lleva a la necesidad de encontrar nuevos recorridos que pueden dar lugar a encontrar la solución de problemas controvertidos y a abrir nuevas perspectivas que permitirán resolver otros en el futuro.

Muestra también que no hay una sola forma de avanzar en el conocimiento, ni tampoco de obtener resultados. Al menos habría dos grandes tipos de matemáticos. Por una parte aquéllos que aplican los métodos generales ya descubiertos por otros, sacándoles todo el jugo posible, y quienes prefieren buscar en otras direcciones inesperadas. Quizás la situación más frecuente sea una mezcla de las dos actitudes, aunque, en cada caso, se asocien en proporciones distintas.

3.- Nos detenemos ahora en el modo en que hay que enfrentarse a lo que consideramos injusticias de las generaciones adultas. Quizás, aunque sea difícil a ciertas edades, hay que pararse en algún momento a pensar en que son más rentables (también para uno mismo) los planteamientos comunitarios, frente a los individuales.

Galois se opuso a las autoridades en el terreno matemático, con enfrentamientos personales y no consiguió más que malograr sus oportunidades de encontrar un mejor puesto escolar y recibir más atención por parte de los matemáticos consagrados a sus investigaciones. Las pocas veces que le hicieron caso, se debió a la presión ejercida por sus correligionarios políticos a través de los medios de comunicación. Sin embargo, en la acción política sí que actuó de forma solidaria, organizadamente. Y aunque se puede argüir que tampoco llegó a grandes resultados, al menos contribuyó con sus camaradas a avanzar en la línea de progreso que nos ha llevado a la situación actual, una sociedad mucho más justa e igualitaria, aunque aún quede mucho por hacer.

4.- La historia del álgebra nos muestra que no fue creada sólo por los blancos (europeos y norteamericanos), como parece querer hacerse hoy entender a todos. Al contrario, en ella tuvieron un papel destacado los matemáticos árabes y otros pueblos de su órbita cultural (desde los Pirineos hasta la India pasando por el norte de África). Pero, además, éstos estuvieron influidos de forma directa por las culturas de la actual India, quienes, a su vez, recibieron el influjo de los chinos. Es decir, que para llegar a conformar los conocimientos algebraicos anteriores a Galois se tuvo que dar la confluencia de toda una serie de resultados obtenidos en distintas épocas y por diferentes culturas asentadas en lugares geográficos dispares, de los que sólo una pequeña parte forman los que hoy llamamos países desarrollados. Por tanto, también en este campo del álgebra la humanidad es amplia y diversa, lo que muestra que es entre todos los seres humanos, con sus influencias recíprocas, como se logra hacer avanzar en el conocimiento.

5.- Para acabar querríamos repetir que ningún resultado importante en ningún campo del conocimiento sale de la nada, incluso en casos, como el de Galois, que suponen un cambio importante en el punto de vista que se adopta. En todos los campos, cualquier producción cultural se apoya en conocimientos anteriores, y, si es interesante, a su vez influye en los desarrollos posteriores.

También Galois tuvo en cuenta todos los resultados que habían obtenido los matemáticos que le precedieron e incluso pudo obtener los suyos (aparte obviamente de su esfuerzo personal, sus capacidades y su dedicación) porque estaba en una comunidad científica que le transmitió unos conocimientos y unas inquietudes a las que no podría haber accedido por sí solo. Y a pesar de las tormentosas relaciones que mantuvo con sus contemporáneos, también de ellos recibió influencias. De hecho, a algunos los cita en los pocos artículos que publicó (Gauss, Lagrange, Legendre y Libri); y en sus manuscritos cita además a Landen, Ruffini, Cauchy, Abel y Jacobi.

Panorama de la época de Galois

1802 Jacquard inventa un telar automático.
Nacen Alejandro Dumas padre y Víctor Hugo.

1808 Nace José de Espronceda.

1809 Nace Mariano José de Larra.

1810 El Conde de Avogadro formula la hipótesis conocida como *ley de Avogadro*: volúmenes iguales de gases en las mismas condiciones de presión y temperatura contienen el mismo número de moléculas (el llamado número de Avogadro).

1811 Pierre-Simón de Laplace publica su *Teoría analítica de las probabilidades.*

1812 Charles Babbage (1792-1881) inicia la construcción de su *máquina de diferencias*, que podría realizar automáticamente distintos tipos de cálculos.
El biólogo alemán Von Kölliker descubre el origen celular del espermatozoide.
Los hermanos Grimm publican una recopilación conocida como *Cuentos para la infancia y el hogar.*

1813 Stephenson inventa la locomotora.
Nace Giuseppe Verdi.

1814 El periódico inglés *The Times* comienza a imprimirse utilizando una máquina de vapor.
Goya pinta sus famosos cuadros sobre la sublevación popular de Madrid contra las tropas francesas del 2 de mayo de 1808.
Cassini finaliza el mapa de Francia a escala 1:86.400. Es el primero que se traza de un solo país.
David Ricardo publica sus *Principios de economía política.*

1815 Fresnel enuncia la teoría ondulatoria de la luz.
Davy introduce la lámpara de seguridad para uso en las minas, que mejora bastante la seguridad en las mismas.
Se construye en Estados Unidos el primer barco de guerra movido por vapor.

1816 Laennec inicia la técnica de auscultación, por medio del estetoscopio.

Nace en Alemania el que será ingeniero e industrial Siemens.
Nace Ada Byron.

1817 Descubrimiento de la clorofila y de sus funciones por Pelletier y Caventou.

1818 Nace en Treveris (Alemania) Carlos Marx (1818-83).
Descubrimiento de la estricnina, compuesto sumamente tóxico, por Pelletier y Caventou, que aíslan también otros alcaloides como la quinina.
Thénard prepara agua oxigenada por vez primera.

1819 Un barco de vapor realiza por primera vez la travesía del Atlántico.
François Arago construye el primer electroimán.

1820 Comienza en Francia la fabricación en serie de máquinas calculadoras. La primera fue el *aritmómetro*, puesto a punto por Charles Xavier Thomas de Colmar.
De la Rue inventa la lámpara incandescente.
Ampère descubre la electrodinámica y Oersted el electromagnetismo.

1821 Gauss enuncia la teoría del error y el método de los mínimos cuadrados.
Poncelet (1788-1869) publica la obra que da inicio a la geometría proyectiva.
Faraday descubre la rotación electromagnética, fundamental en la tecnología eléctrica.
Seebeck inventa la pila termoeléctrica.
Champollion (1790-1832) descifra los primeros jeroglíficos egipcios. Lo hace a partir de la llamada piedra Rosetta, encontrada en 1799 por las tropas de Napoleón en su expedición a Egipto.

1822 Lamarck publica su obra *Historia natural de los animales invertebrados*.
Muere Jenner, descubridor de la vacuna de la viruela.

1823 Dumas y Prevost observan la división celular en un óvulo fecundado.

1824 Muere Lord Byron.

1825 Bolyai (1775-1856) y Lobachevski (1792-1856) ponen a punto geometrías no euclídeas.
La locomotora de Stephenson se utiliza por primera vez para

tirar de un tren de pasajeros en Inglaterra.
Muere Jacques-Louis David (1748-1825), pintor por excelencia de la Revolución Francesa y de Napoleón

1826 Avogadro, Gay-Lussac y Ampere demuestran la *hipótesis de Avogadro*.
Ohm descubre la ley fundamental de las corrientes eléctricas, hoy llamada *ley de Ohm*.

1827 Alejandro Manzoni publica *Los novios*.
Muere Beethoven.

1828 Muere Abel.
Mueren el compositor Franz Schubert y Goya.

1830 Quételet (1796-1874) propicia la utilización de la estadística para investigar cuestiones relativas a la sociedad.
Entra en funcionamiento la primera línea de ferrocarril, que une las ciudades inglesas de Liverpool y Manchester.
Síntesis del estireno, que dará lugar más tarde al poliestireno.
V. Hugo estrena su drama *Hernani*.

1831 Primera utilización del cloroformo como anestésico.
Darwin inicia su viaje de exploración a bordo del *Beagle* (que durará hasta 1836), como resultado de la cual enunciará la teoría de la evolución.
Faraday inventa la dinamo que transforma la energía mecánica en electricidad.
Hegel publica *Lecciones de filosofía de la historia*.
Delacroix presenta el cuadro *La libertad guiando al pueblo*.

1832 Se crea en Cataluña la primera fábrica de máquinas de vapor (llamada justamente *El Vapor*) .
Washington Irving (1783-1859) publica *Cuentos de la Alhambra*.

Algunos problemas históricos de álgebra

He aquí algunos problemas curiosos que pueden ser abordados por medio de los métodos algebraicos, y que quizás pueden proporcionar gusto y provecho. Y no hay que pensar que todos ellos son cosa del pasado, sino que algunos han seguido vivos hasta nuestros días, como es el caso del llamado Teorema de Fermat (1601-65), el cual dice que la ecuación $x^n + y^n = z^n$ no tiene solución entera para cualquier $n > 2$. Fue definido por Fermat en el siglo XVII, aunque no ha sido demostrado hasta 1995 por A. Wiles.

Problema 1.- Lo evoca Stendhal, que era bastante versado en matemáticas, en una de sus novelas, y se encuentra en su forma original en los *Elementos de álgebra* de Leonhard Euler (1707-83): "Dos campesinas llevan en total 100 huevos al mercado; una lleva más que la otra y sin embargo el producto es el mismo en una que en la otra. La primera dice a la segunda: si hubiera tenido tus huevos hubiera sacado 15 sueldos. La otra le responde: si yo hubiera tenido los tuyos, hubiera obtenido $6\frac{2}{3}$ de sueldo. ¿Cuántos huevos ha llevado cada una al mercado?".

Problema 2.- También de Euler: "Un padre deja en herencia 8.600 libras a sus cuatro hijos. En el testamento dice que la parte del mayor debe ser inferior en 100 libras al doble de la parte del segundo. La parte del segundo, inferior en 200 libras a la parte del tercero. La del tercero inferior en 300 libras al cuádruplo de la parte del menor. ¿Cuánto le toca a cada uno de los cuatro hijos?".

Problema 3.- Éste proviene de Newton (1642-1727): "Calcular los cuatro términos de una progresión geométrica sabiendo que la suma de los términos de los extremos es 13 y la de los dos términos centrales es 4".

Problema 4.- La llamada serie de Rachinski (siglo XIX) es la siguiente: "Encontrar una serie de cinco números enteros consecutivos tales que la suma de los cuadrados de los tres más pequeños sea igual a la suma de los cuadrados de los otros dos".

Problema 5.- Éste es del famoso teórico de la Resolución de Problemas George Pólya (1887-1985), y dice así: "Un padre deja escrito en su testamento que la parte que le corresponde a su hijo mayor es igual a la media de los otros dos, más 3 millones de pesetas; al segundo le corresponde justamente la media de lo que heredarán los otros dos; y al pequeño también la media de los otros dos, pero menos tres millones de pesetas". Resolver el caso general y el caso en que la herencia sea de 15 millones de pesetas.

Problema 6.- Fue propuesto por P. Erdös (1913-96), matemático de origen húngaro residente en múltiples localidades de todo el mundo y uno de los más prolíficos de la historia (más de 1.500 artículos publicados), lo que ha dado lugar al llamado *número de Erdös*: el propio Erdös tiene número 0 y cualquier otro matemático tiene un número (n+1) si ha escrito un artículo con un matemático de número n . El problema es: "Encontrar las soluciones naturales diferentes de las triviales $y = 1$, $x = z$ de la ecuación $x^x y^y = z^z$". Parece sencillo pero la respuesta no lo es, ya que la solución más pequeña que se conoce es $x = 12^6$, $y = 6^8$, $z = 2^{11} \cdot 3^7$.

Problema 7.- Regresamos al pasado y nos detenemos en nuestro país para encontrarnos con el siguiente problema, que aparece en el libro *Elementos de álgebra*, de Juan Justo García, publicado en 1814, en la época de Galois: "Hurtaron dos 60 doblones y habiendo reñido al repartirlos, arrebató cada uno lo que pudo: puestos en paz dio el primero al segundo $\frac{1}{4}$ de lo que cogió, y el segundo al primero $\frac{1}{3}$, y quedaron con partes iguales; ¿cuánto arrebató cada uno?".

Problema 8.- Procede de la misma época, del *Compendio de matemáticas puras y mixtas* de J. Mariano Vallejo, publicado en 1827. Se trata de un problema enunciado en verso:

"Juno y Júpiter pesan veinte minas;
un cuarto del primero y un tercio del segundo
componen al Dios Febo,
que pesa seis, Lucero
de la aurora serás si me adivinas
lo que pesa cada uno,
Juno sin Júpiter, Júpiter sin Juno".

Bibliografía

ALEKSANDROV, A.D. y otros. *La matemática: su contenido, métodos y significado* (tomos 1 y 3). Alianza. Madrid 1973.

AA.VV. *Breve historia de la educación matemática en España*. SMPM E. Castelnuovo. Madrid 1995.

AA.VV. Enciclopedia Encarta. Microsoft 1999.

AA.VV. Enciclopedia Espasa. Madrid 1996.

AA.VV. Encyclopedia Universalis. Tomos 6 y 10. París 1989.

AA.VV. *Los números y el espacio*. Enciclopedia Temática Argos-Vergara. Barcelona 1986.

AA.VV. *Présence d'Évariste Galois, 1811-1832*. APMEP. París 1983.

BOUVIER, A. y GEORGE, M. *Diccionario de Matemáticas*. Akal. Madrid 1984.

CAMPIGLIO, A. y EUGENI, V. *De los dedos a la calculadora*. Paidós. Barcelona 1992.

CHARRIERE, G. *L'algèbre. Mode d'emploi.* Loisirs et Pédagogie. Lausanne 1995.

CLAPHAM, C. *Diccionario Oxford de Matemáticas*. Celeste. Madrid 1992.

COLLETTE, J.P. *Historia de las matemáticas II*. Siglo XXI. Madrid 1985.

DAHAN-DALMEDICO, A. y PEIFFER, J. *Une histoire des mathématiques. Routes et dédales*. Seuil. París 1986.

DIEUDONNÉ, J. (Dir.). *Abrégé d'histoire des mathématiques. 1700-1900. I. Algèbre, Annalyse classique, Théorie des nombres*. Hermann. París 1978.

DUNHAM, W. *Viaje a través de los genios*. Pirámide. Madrid 1992.

FIGUEIRAS, L., MOLERO, M., SALVADOR, A. y ZUASTI, N. *El juego de Ada. Matemáticas en las Matemáticas*. Proyecto Sur. Granada 1998.

FRANCO DE ESPES, C. *Así vivían en la España del Romanticismo*. Biblioteca básica de Historia Anaya. Madrid 1994.

GALOIS, Évariste. *Écrits et mémoires mathématiques d'Évariste Galois*. Edición crítica de R. Bourgne y J.-P. Azra. Gauthier-Villars. París 1962.

GALOIS, Évariste. *Oeuvres mathématiques d'Évariste Galois*. Introduction de E. Picard. Gauthier-Villars. París 1897.

GRUPO CRONOS. *España: siglo XIX (1789-1833)*. Biblioteca básica de Historia Anaya. Madrid 1991.

HERRERO, A. *La época napoleónica*. Historia del Mundo Contemporáneo Akal, núm. 3. Madrid 1984.

HORMIGÓN, M. *Las matemáticas en el siglo XIX*. Historia de la Ciencia y de la Técnica Akal, núm 38. Madrid 1991.

JOSEPH, G. G. *La cresta del pavo real. Las matemáticas y sus raíces no europeas*. Pirámide. Madrid 1996.

KLINE, M. *El pensamiento matemático de la Antigüedad a nuestros días II*. Alianza. Madrid 1992.

LAZO, A. *Revoluciones del mundo moderno*. Temas Clave Salvat. Barcelona 1980.

LLEDÓ, J. *La Ilustración*. Acento editorial. Madrid 1998.

MARTÍN CASALDERREY, F. *Cardano y Tartaglia. La aventura de la ecuación cúbica*. Nivola libros y ediciones. Madrid 2009.

MATAIX, S. *Matemática es nombre de mujer*. Rubes. Barcelona 1999.

MEYER, J. *Esclavos y negreros*. Aguilar. Madrid 1989.

MOREU-REY, E. *El naixement del metre*. Moll. Barcelona 1986.

PANIAGUA, J. *La Europa Revolucionaria (1789-1848)*. Biblioteca básica de Historia Anaya. Madrid 1989.

PERALTA, J. "Algunas ideas para la resolución de ecuaciones". *Suma* núm 32. Zaragoza 1999.

RODRÍGUEZ GARCÍA, J.L. *La palabra y la espada. Genealogía de las revoluciones*. Talasa Ediciones. Madrid 1997.

ROTHMAN, T. "Évariste Galois", en "Grandes matemáticos". Temas 1 de *Investigación y Ciencia*. Barcelona 1995.

TATON, René. *Histoire du calcul*. Que sais-je? núm 198. PUF. París 1969.

TOTI RIGATELLI, L. *Matematica sulle barricate. Vita di Évariste Galois*. Sansoni. Florencia 1993.

VARADARAJAN, V.S. *Algebra in ancient and modern times*. AMS - Hindoustan Book Agency. 1998.

VIZMANOS, J.R. "¿Desaparecerá el álgebra elemental con la utilización de las nuevas calculadoras gráficas?". Suma núm 26. Zaragoza 1998.

WUSSING, H. y ARNOLD, W. *Biografías de grandes matemáticos*. PUZ. Zaragoza 1989.

XAMBÓ, S.; DELGADO, F. y FUERTES, C. *Introducción al Álgebra*. Editorial Complutense. Madrid 1993.